性格色彩品红楼

方 晓／著

中国友谊出版公司

图书在版编目（CIP）数据

性格色彩品红楼 / 方晓著. — 北京 ：中国友谊出版公司，2018.7

ISBN 978-7-5057-4392-2

Ⅰ. ①性… Ⅱ. ①方… Ⅲ. ①性格－通俗读物 Ⅳ. ①B848.6-49

中国版本图书馆CIP数据核字（2018）第108859号

书名	性格色彩品红楼
作者	方　晓
出版	中国友谊出版公司
发行	中国友谊出版公司
经销	新华书店
印刷	天津旭丰源印刷有限公司
规格	700毫米×990毫米　16开
	18.75印张　235千字
版次	2018年9月第1版
印次	2018年9月第1次印刷
书号	ISBN 978-7-5057-4392-2
定价	45.00元
地址	北京市朝阳区西坝河南里17号楼
邮编	100028
电话	（010）64668676

如发现图书质量问题，可联系调换。质量投诉电话：010-82069336

题　词

若菩萨心不住法而行布施，如人有目，日光明照，见种种色。——《金刚经》

序

"色"到深处情更浓

乐嘉

想当初，曹雪芹老爷子郁闷离世之时，绝没想到自己留下的《红楼梦》不仅衍生为一门学问，启发后人智慧，还滋养了众多粉丝的情感空间。虽然曹爷的粉丝山头林立，有时还相互谩骂、互不理解，但架不住阵容强大的后人辈出，因此曹爷作为文坛泰斗所受的推崇，无人能及。

原本我也想来凑这个热闹，可惜我个人对武侠类小说的兴趣胜过《红楼梦》，对我来说，性格色彩学向来不缺可圈可点的个案，古往今来的悲欢离合，信手拈来皆是小事一桩，但如果想物色一个最为博大精深的案例，非《红楼梦》莫属。2006年《色眼识人》问世的那一刻，我梦想若谁能完成"红楼人物性格色彩"的工程，提供给红学爱好者一个史无前例的角度，用性格色彩去诠释《红楼梦》里各人物的命运必然性；与此同时，也让普天下不了解《红楼梦》的读者，能通过喜闻乐见的性格分析方式开始萌生对红学的兴趣，善莫大焉！

此人便是方晓。

方晓有此胆识，源于自幼博览群书，且酷爱《红楼梦》。爱红楼者古往今来不胜枚举，当代和近代，就有让红楼人物婀娜入画的戴敦邦、写出《红楼梦魇》的奇女子张爱玲，在电视上煞有介事宣讲的也比比皆是。而《性格色彩品红楼》的独特之处在于读此书，每翻一页，就如同方晓扯张凳子坐在你面前跟你娓娓道来，邀你一起伤春悲秋，引领你体验红、蓝、黄、绿四色性格处世的人生哲学。如果你想做一个《红楼梦》的好读者，那么在读完《性格色彩品红楼》后再回头分析里面的人物，就会轻而易举地归纳出：都是性格色彩惹的祸。

虽然在接触性格色彩学之前，方晓便有了文艺青年的潜质，但敢于用性格色彩学阐述《红楼梦》，这意味着方晓至少有三个本钱：首先，要对《红楼梦》的细节鞭辟入里；其次，要深谙性格色彩学的真谛；最后，文字不能太理论、呆板。

首先，方晓自幼功底深厚，2002年开始被网友广泛流传的"史上最全《红楼梦》人物关系图"，正是方晓以吴蓉生为笔名的"传世之作"，让他在本书中列举案例时不需思索案例的出处，只需斟酌用哪个最能说明问题。书中使用性格色彩学的地方比比皆是，不仅论据翔实，而且解析到位。比如这段，分析蓝色黛玉：

> 黛玉用情专一，自然也容不得情人用情不专。痴情和小性、信任和猜疑，本就是硬币的两面，宝玉的招蜂惹蝶更加剧了这种敏感和猜忌。在这种敏感和猜忌的高度情绪化压力下，蓝色性格很容易陷入低落、自怜和抑郁的状态中，发之于外，林妹妹的第一举动就是耍小性子，要不发脾气，要不就哭，宝玉就只有立刻乖乖低头的份。

其次，方晓不仅喜闻善问，且乐于做每日头悬梁锥刺股的宅男，其用功与恒定打破了红色性格在写作节奏上率性而为、忽上忽下的规律。这样刻苦的结果，使《性格色彩品红楼》一书有着严谨的性格色彩逻辑体系，这在目录中就能看出端倪。除了"职场红人"凤姐出场较晚外，所有章节的排列都环环相扣、引人入胜，比如"宝黛恋爱报告"，相信读者们会争相传阅、先睹为快；而"宝黛婚后会怎样"将再次吸引读者掩卷内省、沉思良久。

最后，对大众而言，越深奥复杂的理论越不易传播，性格色彩学的传播强调复杂事物简单化，方晓雅致而不乏幽默的语言为这一核心原则提供了强大保障。比如这个题目，"有文化的焦大，会不会成为屈原"，看着就想乐。再看下面这段，黛玉如何应对宝玉的多情：

> 丫鬟辈如袭人，升了级，大不了也就是个妾，黛玉自不在意，还上赶着管袭人叫嫂子，然而一旦事关"金玉良缘"，情关宝钗、湘云时，便顿时留心起来，战备等级立刻提升。不过黛玉毕竟不是凤姐般的"醋缸醋瓮"，吃醋耍小性历来也是以委婉见长的，她善于旁敲侧击、指桑骂槐，一会儿"暖香""冷香"，一会儿"奇香""俗香"，一会儿"姐姐""妹妹"，一会儿"宝姑娘""贝姑娘"，一会儿"金锁""金麒麟"，总之变幻莫名，让人爱也不是，恨也不是。但也正因黛玉有此才，方许她妒，若是村妇撒泼，每次都拿同一个剧本来闹，想来宝玉早就烦了。

另外，方晓写作时并非目中只有《红楼梦》，心无旁骛。相反，点评《红楼梦》时，每每有其他引证相佐，使得文字轻灵丰富：

> 若是天幸，王子和公主成了亲，本该如童话般从此过着幸福的生活，鲁迅先生早就问过"娜拉走后如何？"可见戏文是不可信的。琴棋书画烟酒茶，那是"有闲"的男人，而宝玉当家，几百号人的大家族，立刻就要开始面对柴米油盐酱醋茶。
>
> 做才子的，偏偏生于帝王之家，又偏偏做了帝王，那不得不是一种悲哀。"词人者，不失其赤子之心者也。故生于深宫之中，长于妇人之

手，是后主为人君所短处，亦即为词人所长处。"李后主、宋徽宗，一个是大诗人、一个是大书法家，还有通音律、有诗才的陈后主，只因命太好，朝政不修，国破家亡。宝玉算不得真正的才子，不懂世故经济，倒是一样的，若由宝玉来掌家，只怕败落得更快些。宝哥哥陪林妹妹说话的时候谁来回事，估摸宝哥哥也和木匠皇帝朱由校一样的答案：我都知道了，你们去办吧。

由此方晓推断：

面对宝玉这个扶不起的阿斗，健康的宝姐姐好歹还能挨到他留下孩子考上进士，林妹妹的身子本来就弱，家里家外一折腾，思虑太过，只怕是个可卿的下场，就算万幸，撇下作诗，只顾家事的黛玉，还是宝玉心中的那个黛玉？只怕也要变成墙上的一抹蚊子血。芸娘若不是早天，哪里来的《吃粥记》？唐晓芙嫁了人，或也就成了孙柔嘉。若如此，黛玉嫁不得宝玉，反是大幸了。

如此游刃有余的评点和畅快淋漓的推断，方晓不仅针对宝黛——这对知名度最高的文学红人，也包括众多其他《红楼梦》人物："被误读的贾政"（红色性格）、"居安思危的元春"（蓝色性格）、"吵架高手麝月"（黄色性格）、"迎春拖字诀（绿色性格）"……不说了，说多了难免有书托之嫌。

想当初方晓混迹于性格色彩学导师班众多学子中时，不善言谈，性格安静，外表无特别过人之处。谁知蔫人出豹子，当其他人纷纷选择在讲台上慷慨激昂传播"色"学时，方晓以自己喜欢的、不张扬的方式发了内功，将心得从口头语言变为书面语言，成为未来其他性格色彩系列作者们的文字楷模。如今方晓的出现，让更多人看到运用性格色彩学结合自己的学问，然后衍生出更有力量的思想，不仅仅只是停留在可能。

最后再揶揄一句：性格色彩学与《红楼梦》暗结珠玑，是早晚的事。曹爷把鸿篇巨制冠以这样一个名称，没准儿就是想给读者点"颜色"看看。如此说来，红色性格的方晓与《红楼梦》，怎一个"红"字了得？还是"色"的缘分哪！

目录
Contents

第五篇　蓝色篇

第六篇　宝黛恋爱报告

第一篇

序篇

素喜《红楼梦》，尝叹金圣叹先生若见此书，必以为第七才子书。书中有名有姓、有名无姓、有姓无名者五百余人，除去路人甲乙、龙套丙丁，栩栩如生、如在眼前的，不下五六十人。其人物形象得以树立，非因容貌，大抵以性格为主，男女主角之外，上至八十余岁老太君，中及金陵十二钗并诸姐妹，下至平、袭、晴、鸳、紫诸丫鬟，外则刘姥姥、倪二俱是。

正因为《红楼梦》的人物魅力，二百四十余年，论者不绝，脂砚斋最早，后来有读花人涂瀛，再后有张天翼先生，于我心有戚戚。近来，余学习性格学说，颇多领悟，那富贵场中、温柔乡里种种冲突、色色磨难，无非由性格而起，以此注解《红楼梦》，不过借他人酒杯，浇自家块垒，茶余饭后，聊作消遣。

▷ 姚黄魏紫

本来一部《红楼梦》，环肥燕瘦、姚黄魏紫，如楂梨橘柚，各擅胜场，而成兰菊竞芳、晋楚争长之势，偏后世论者，评及霄壤之别，鼎瓯之分。

赏之者，谓黛玉之高洁、宝钗之和善、湘云之豁达、妙玉之清高、迎春之仁慈、探春之自尊、惜春之单纯、凤姐之才干、李纨之恬淡、香菱之善良、袭人之贤惠、晴雯之率直、鸳鸯之刚烈……

而贬之者，上至黛玉之刻薄、宝钗之奸伪、妙玉之矫揉造作、迎春之懦弱、惜春之孤僻、凤姐之毒辣，下至晴雯之泼辣、袭人之阴险……争讼不休，以致兄弟阋墙，老友挥拳。

值得注意的是，赏者之词，与道德、能力、性格相关；而贬者之词，以道德为最。

高尚的道德标准、目标和行为，不能也不应成为我们横扫牛鬼蛇神的理由。他人的观点、行为和我们不同时，不能仅仅因为不同而否定。三毛说："路是由足和各组成的，足表示路是用脚走出来的，各表示各人有各人不同的路。"嵇康在《与山巨源绝交书》里面反复强调，自己喜欢帽子，没必要强迫野蛮人戴；自己喜欢腐肉，也不用喂给鹓鶵。

阮籍丧母，裴楷去吊唁。阮籍喝醉了，散发乱坐，不哭，裴楷自己按照礼制哭完就走了。有人问裴楷："按礼，主人哭，客人才跟着哭。阮籍不哭，您为什么哭呢？"裴楷说："阮籍是超脱世俗的人，所以不尊崇礼制；我们是世俗中人，所以要遵守礼制准则。"当时的人非常赞赏，认为双方应对都很得当。

这是尊重自我和他人的典范，既不因自己的"正确"而责备他人，也不因他人的"正确"而改变自我。正如宝钗、黛玉，才同貌同，而性格不同，因此言论不同、行事不同、心术不同，如双峰并峙、二水争流，"诚不可甲此而乙彼"。

本来只是鱼与熊掌，皆是美味，各人取舍不同，不知何时，甲之美女忽成乙之恶婆。无数英雄，尽入此彀，焚膏油以继晷，恒兀兀以穷年，考证此优彼劣，盛矣！

　　硬要辩得这种美压倒了那一种，毫无意义。李白狂狷不羁，杜甫沉郁深厚，谁又压倒了谁？宝钗弱了，作为"对手"的黛玉又怎能好看？反之亦然。晴雯被逐，袭人说过很没见识的话："那晴雯是个什么东西，就费这样心思？"哪里懂得夏洛特如若平庸，伊丽莎白又怎会出众？

　　六祖有云，不是风动，不是幡动，仁者心动。以仁者之心，观红楼诸艳，不是非关道德，而是更多关乎性格。看到太多道德因素的人，多是因为自己心动，以己度彼，才觉得他人有道德问题，纳西塞斯照出的永远是自己的影。比如，宝钗以儒家风范为己任，且遵循不移。厌恶宝钗劝学的人，偏偏也要把自己的观点强加于宝钗之上，岂不是五十步笑百步？

　　这里有学识、阅历之分，然而更重要的原因在于读书人的性格。林语堂先生有论在先，只好做一回文抄公：

　　"欲探测一个中国人的脾气，其最容易的方法，莫如问他喜欢黛玉还是喜欢宝钗，假如他喜欢黛玉，那他是一个理想主义者；假如他赞成宝钗，那他是一个现实主义者。有的喜欢晴雯，那他也许是未来的大作家；有的喜欢史湘云，他应该同样爱好李白的诗。而著者本人则喜欢探春，她具有黛玉和宝钗二人品性糅合的美质，后来她幸福地结了婚，做一个典型的好妻子。宝玉的个性分明是软弱的，一点没有英雄的气概，不值得青年崇拜。"

　　"读《红楼梦》的人，或偏于黛玉，或偏于宝钗。偏于黛玉的人，也必喜欢晴雯，而恶宝钗，兼恶袭人。女子读者当中，做贤妻良母好媳妇的人，却常同情于宝钗，而深恶晴雯，完全与王夫人同意，这里头就有人生处世的真理存焉。大抵而论，阮籍、嵇康之辈，必喜欢黛玉，尤喜欢晴雯；叔孙通、二程之流，必喜欢宝钗，而兼喜欢袭人。"

《金刚经》云："若菩萨有我相、人相、众生相、寿者相，即非菩萨。"

因此发宏愿，把《红楼梦》中的每个人都写成好人、善人，至少是可以理解的人。

▷ 智子疑邻

《红楼梦》里的人名，有些暗藏深意，比如元春、迎春、探春、惜春四姐妹（原应叹息），比如甄士隐（真事隐去）、贾雨村（假语村言），也有随事而起，比如霍启（祸起）、冯渊（逢冤），也有调笑世人，比如詹光（沾光）、单聘仁（擅骗人），好比章荭在青钱阵内，那些四柱、二柱、五分、四文的名字。

走火入魔之后，就要把一切人名归于谐音，深挖含义。比如贾政，归于假正经，不知从何想来？更有甚者，步步索引，采用测字、对应、计算三法，加之以中世纪僧侣讨论一个针尖上可以站几个天使的坚韧，连史书不载、小说无证的人都能考证出来，自圆其说，还有什么不能的？比如附会袭人为花贱人、龙衣人，还有什么"偃旗息鼓，攻人于不及觉曰袭"之意，未免智子疑邻之诮。

凡是喜欢的，坏事也有不得已的一面；凡是厌恶的，好事也是口蜜腹剑、暗藏杀机。

喜欢宝钗的，说机带双敲是宝、黛惹的祸，怪不得宝钗发怒；不喜欢的，便说宝钗无端生事，臊了无辜的丫头。

喜欢黛玉的，说送宫花是周瑞家的错了礼，怨不得黛玉动气；不喜欢的，便说周瑞家的无非顺路，黛玉太尖刻、太伤人。

鸳鸯安慰了司棋，顺路来探望问候凤姐，没什么大不了的；可赵姨娘顺道去看黛玉，就成了虚伪。

晴雯拿着一丈青戳坠儿的手，喜欢晴雯的，强调坠儿偷了镯子，晴雯怒其不争；厌恶晴雯的，便说晴雯暴虐尤胜凤姐。

宝袭初试，喜欢袭人的，归罪宝玉强迫袭人"同领警幻所训云雨之事"；厌恶袭人的，只问袭人"含羞笑问"及"掩面伏身而笑"在先。

好比演义里这头一个劝降说"良禽择木而栖，贤臣择主而事"，那厢一个死守地说"烈女不更二夫，忠臣不事二主"，这样的文字官司，打一万年也没结果，其实郎情妾意，一个巴掌哪里拍得响？

纵然是强作解人，依然希望尽可能回归文本，采用无罪推定的方式来相对公平地讨论和评论《红楼梦》人物和事件。只要作者没有明写或者没有明显地暗示，譬如天香楼事件，我们就不能假定它确实发生过。同样，作者没有明示袭人告密、宝钗嫁祸，那么我们也就不能假定它确实发生过，以此类推。

每一个事件有两面，每一个人也有两面，好比两面国人，正面和颜悦色，背面青面獠牙。

湘云心直口快，全无城府，未免说错话得罪人；晴雯行得正，坐得直，然而容不得半点渣滓，拿住不争气的就往死里整；黛玉心思细腻，未免多愁善感，哀伤过度；宝钗处事冷静，未免令人觉得冷漠。

《金刚经》云："若菩萨心不住法而行布施，如人有目，日光明照，见种种色。"

要理解《红楼梦》里的人物，必得从各人性格着眼，看各人行为举止。如此，方能透过行为直指各人的内心，理解人物的动机。

第二篇

四色性格简述

第一章　性格和色彩

▷ 色彩是有性格的

性格有多种描述和分类方式，春秋战国有邹衍的五行学说，古希腊有希波克拉底的四液学说，流传至今，五行学说在中医领域发扬光大，四液学说随西风东渐，主导心理学派，分支五花八门，还有DISC和MBTI这样的缩写学派、PDP这样的动物学派、九型人格这样的数字学派。

王国维先生分析过两类作者："客观之诗人，不可不多阅世。阅世愈深，则材料愈丰富、愈变化，《水浒传》《红楼梦》之作者是也。主观之诗人，不必多阅世。阅世愈浅，则性情愈真，李后主是也。"

据金庸先生说，学习左右互搏术的能力也可以作为性格测试："能学会的周伯通、郭靖、小龙女都是淳厚质朴、心无渣滓之人，而黄蓉、杨过、朱子柳辈，那就说什么也学不会了。"

字母、动物或数字，和性格都没有直接的联系，然而，色彩的天然属性以及后天文化产生的象征性，让色彩和性格产生了直接的联系，爱娃·海勒专门写过一本《色彩的性格》，里面提到三个因素：

第一个因素，色彩具有天然的物理学效果和视觉效果。波长长的光传递更多的热量，如红色环境会使人脉搏加速、血压升高、情绪兴奋冲动，这就是我们常说的暖色调；反之，冷色调如蓝色环境中，脉搏会减缓，情绪也较沉静。

除了温度的不同感觉以外，色彩还会带来一些其他的感受，比如：暖色偏重，冷色偏轻；暖色干燥，冷色湿润；暖色致密，冷色稀薄；暖色透明感较弱，冷色透明感强；暖色感觉近，冷色感觉远；等等。

因此，人会感觉到红色热烈，蓝色冷静，而绿色柔和。

第二个因素是由人类的初蒙经验带来的。鲜血是红色的，因此红色代表了活力和激情；天空是蓝色的，因此蓝色代表了安静和纯洁、深邃和永恒；阳光和太阳是黄色的，因此黄色代表了高贵和神圣；大自然是绿色的，因此绿色就代表健康和生机。

第三个因素是人类的政治和文化象征。我们表达喜庆用红色为主色调；代表忧郁的布鲁斯名字就叫蓝调（Blues）；因为明黄是中国皇帝的专属色，因此黄色代表皇室和权威；而因为《圣经》的故事，我们用绿色的橄榄枝象征和平。

此外涉及的还有宗教因素，对于起源于沙漠地带的伊斯兰教，绿色是天堂的颜色，因此也成为神圣的颜色，用在国旗上做主色。甚至还包括生产力的因素，中世纪印度进口的靛蓝是贵族的颜色，等到人工靛蓝的出现，直接导致了蓝色地位的衰落，造就了"蓝领"这样的词汇。

总体来说，这些因素所造成的色彩性格是基本一致的。对于花，红玫瑰代表爱情，蓝色的勿忘我则象征忠诚；对于宝石，红宝石热情似火，象征着爱情的美好，蓝宝石则象征忠诚、坚贞、慈爱和诚实。

就《红楼梦》而言，早有马家楠教授指出宝、黛、钗三人五行分属火、木、金，三人的服饰及居住环境之色彩基调分属赤、青、白三色。

▷ 性格是有色彩的

在FPA性格色彩学中，红、蓝、黄、绿分别代表一种性格。每种性格都有一种内在的强大动机驱动着它们，红色快乐、蓝色完美、黄色自信、绿色稳定。

> **从天性上来讲，红色性格的人热情、开朗、不拘小节、追求自由、享受快乐。蓝色感情细腻、体贴、忠诚、重诺、追求完美、比较细心。黄色性格的人自信、果断、坚定。绿色稳定、耐心、和谐、不愿意和他人发生冲突。**

典型的红色如湘云，只要她一出场，气氛就开始热烈，话题不用愁，连笑声也不用愁，两个红色老太贾母和刘姥姥也是童心未泯，给姐妹们和读者带来一波波的欢笑和乐趣。因为这种阳光心态，她们人见人爱，也见人爱人，贾母喜欢的孙儿辈从最亲近的湘云、黛玉一溜地排到难得见到的喜鸾、四姐儿。还有宝玉，喜欢黛玉、宝钗，喜欢袭人、晴雯，一溜地排到闻名却未曾见面的傅秋芳和茗玉小姐。

然而红色有强烈的情绪化倾向，比如宝玉喜怒无常，说翻脸就翻脸，前一刻钟和颜悦色的，后一刻钟开始狂躁发飙，撵完茜雪撵晴雯，连带袭人都踢了，再下一刻又开始甜言蜜语，下午大吵大闹撵晴雯，晚上打打闹闹地看她撕扇子玩。

　　蓝色是和红色相对的性格，红色如孔雀开屏，需要大众的关注和热爱，而蓝色像水仙低回，只要水中的倒影，也许就是今生唯一的知己。典型蓝色如黛玉、妙玉，她们感情细腻、体贴入微，不仅如此，黛玉的眼泪只为宝玉一人而流，为宝玉砸玉而流、为宝玉挨打而流、为宝玉的不理解而流。

　　蓝色的爱情更专一，表达却比较婉转，明明喜欢，又不肯直说，黛玉一而再，再而三直接或间接地否认她和宝玉的恋情，妙玉透过品茶来撇清。从某种意义上说，宝、黛的恋爱冲突很大程度就是由于两个人不同的表达方式所造成的。

　　相对于红色和蓝色，黄色对事情的关注往往超过对情感的关注。典型的黄色如宝钗、袭人，她们目标清晰，积极主动，知道自己要什么，也会努力去争取，一分汗水一分收获，黄色理所当然地在事业上取得更大成就。

　　由于社会角色分配的原因，黄色女性也许把控制的需求内敛，表现在某些特定的场合，比如作为诗社老大的李纨，比如劝诫宝玉的宝钗和袭人，因为男人就是女人的事业，至少那个年代是这样。她们绝不会因为爱而降低要求，她们希望爱人也能够出人头地，最好是金榜题名，蟾宫折桂。她们不想看着爱人堕落，更不想一起堕落，她们愿意和爱人一起成长。

　　因为对事情的关注，黄色有时会忽视他人的感受和需求，这点上最突出的是贾雨村，拿他的话来说："读书人不在黄道黑道，总以事理为要，不及面辞了。"

　　和黄色相对，绿色对人际关系和谐有着超乎寻常的敏感和重视。典型绿色如尤氏、尤二姐、迎春，她们天性宽容，对下人和颜悦色，犯了错也不会打来骂去。在她们眼里，事情不重要，和谐最重要。最好的解决方案就是大事化小，小事化了。

有些人可能会兼具两种性格，比如王熙凤、探春是黄+红，也就是说王熙凤、探春以黄色为主，红色为辅。

黄色带给她们推动力，而红色带给她们张力，所以她们治理家政有声有色。但与此同时，黄色也带给她们很强的攻击性，通过红色更夸张地表达出来，因此她们常常被批评御下太严。

在下面几个章节里，我们将通过几个典型的人物来进一步了解四色性格的基本概念。

第二章　红色的湘云

▷ 唯大英雄能本色

湘云是简单的，笑如婴宁，烂漫之间，浑然不解世事；喜欢划拳，简单爽利，不喜欢丧气闷人的射覆；既咬舌，又偏爱说话。

第一次登场，就是在大笑大说，有她在场，话题是不用愁的。迎春感慨地说："淘气也罢了，我就嫌他爱说话。也没见睡在那里还是叽叽呱呱，笑一阵，说一阵，也不知那里来的那些话。"跟迎春住、跟黛玉住、跟宝钗住，这几位都不是爱说话的主，可巧来了香菱想学诗，两个人凑在一起，没日没夜高谈阔论起来，聒噪得宝钗受不了，拿话堵死："呆香菱之心苦，疯湘云之话多。"

不仅话题不用愁，湘云一来，再坏的气氛也能变好。端午节里，因金钏、杨妃等事，宝钗淡淡的，黛玉懒懒的，宝玉没精打采，王夫人不自在，连凤姐都不敢说笑，迎春姊妹见众人无意思，也都无意思了，大家坐了一坐就散了。

次日午间，王夫人、宝钗、黛玉众姊妹正在老太太房内坐着，就有人回："史大姑娘来了。"湘云一来，大家立刻被感染得话多起来，宝钗、黛玉分说湘云穿别人衣服的典故，调笑湘云的淘气，大家想着前情，都笑了，迎春并宝钗又说起湘云话多，宝玉过来说起绛纹石戒指，黛玉又调笑金麒麟会说话，宝钗也跟着抿嘴一笑。

读《红楼梦》读到湘云，还有凤姐承欢于老太太膝下时，连读书人的眉头都会舒展开来；看《射雕英雄传》看到黄蓉、洪七公并周伯通，笑声也就格外多些。

湘云不仅爱说话，善调节气氛，而且心直口快，全无城府。

凤姐说戏子"扮上活象一个人"，宝钗知道不肯说，宝玉猜中不敢说，只有湘云不防头说出来："倒象林妹妹的模样儿。"这位不防头没惹祸，宝玉生怕黛玉生气，使个眼色，可惹恼了湘云。湘云恼，可不是黛玉尽自家哭，在戏酒上碍着贾母的面不好发作，一回屋立刻命翠缕收拾包裹，明早就走。宝玉还要去解释，反惹来一顿骂："这些没要紧的恶誓、散话、歪话，说给那些小性儿、行动爱恼的人和会辖治你的人听去！"

宝钗转送了袭人绛纹石戒指，湘云感叹说宝姐姐最好，说着，眼圈儿就红了。宝玉忙止住不让提这话，湘云直接戳穿："提这个便怎么？我知道你的心病，恐怕你的林妹妹听见，又怪嗔我赞了宝姐姐。可是为这个不是？"又说，"好哥哥，你不必说话叫我恶心。只会在我们跟前说话，见了你林妹妹，又不知怎么了。"

湘云大发泄，多是针对黛玉，由妒而发，也由湘云不喜黛玉的蓝色做派。脂粉香娃割腥啖膻时自许"是真名士自风流"，嘲笑黛玉："你们都是假清高，最可厌的。我们这会子腥膻大吃大嚼，回来却是锦心绣口。"

湘云唯本色：喜欢划拳是本色，爱说爱笑是本色，责宝玉单讨好黛玉是本色，回护宝钗是本色，充荆轲、聂政鸣不平是本色，最具魏晋风度。

宝琴初来，就通告潜规则，老太太跟前并园里可去，太太不在时别去太太屋里，这是湘云心直口快，殊不知还有人更甚湘云。

宝琴深得老太太喜欢，宝钗自嘲："你也不知是那里来的福气！……我就不信我那些儿不如你。"

湘云因笑道："宝姐姐，你这话虽是顽话，恰有人真心是这样想呢。"只不说是谁。

琥珀手指着宝玉说："真心恼的再没别人，就只是他。"又笑着指着黛玉说，"不是他，就是他。"这天真、这心机全无，尤甚湘云。

▷ 精灵的淘气

湘云的淘气是闻名的，玩雪人、放炮仗、烤鹿肉，什么都少不了她。撸袖划拳，呼三吆五，一边拇战，一边传答案；伏椅大笑，连人带椅都歪倒了；爱吃酒，只恐石凉花睡去；精灵古怪，出谜语出到"那一个耍的猴子不是剃了尾巴去的？"限酒底酒面要："酒面要一句古文，一句旧诗，一句骨牌名，一句曲牌名，还要一句时宪书上的话，总共凑成一句话。酒底要关人事的果菜名。"

喜欢穿别人的衣裳，小时候正月里穿了老太太的大红猩猩毡斗篷，又大又长，拿了个汗巾子拦腰系上，和丫头们在后院子扑雪人儿去，一跤栽到沟跟前，弄了一身泥水。最喜欢女扮男装，一会儿穿着宝玉的袍靴额子，一会儿銮带折袖做武者状，一会儿扮作孙行者，蜂腰猿背，鹤势螂形，打扮成个小子的样儿，原比她女儿家打扮更俏丽了些。不单自己，丫鬟葵官也被她男装打扮，唤作韦大英，暗有"唯大英雄能本色"之意，何必涂朱抹粉，才是男子。

老太太小时候在枕霞阁畔天天玩去，有日失脚掉到水里，几乎被淹死，好容易救了上来，到底被那木钉把头碰破了。可见老太太也淘气，湘云小时候跟着老太太长大，大约也是因淘气投了老太太的缘。也因此，宝玉和湘云，比宝黛还青梅竹马，宝玉用湘云的残水洗脸、吃胭脂，遭湘云还有她的丫鬟翠缕两番批评："还是这不长进的毛病儿，多早晚才改！"这"多早晚才改"，还有湘云帮着梳头指出少了珠子，想见从前的亲密。

两个淘气的红色兄妹惺惺相惜，宝玉时常嚷着喊着打发人接湘云，"若少了她还有什么意思"，湘云来了只管问："宝哥哥不在家吗？"宝玉呢，一听说湘云来了早就飞了来迎。湘云还敢往宝、黛之间插："二哥哥，林姐姐，你们天天一处顽，我好容易来了，也不理我一理儿。"说是"二哥哥，林姐姐"，重点还在"二哥哥"上，因此"林姐姐"不免微微含醋地嘲笑："偏是咬舌子爱说话，连个'二'哥哥也叫不出来，只是'爱'哥哥'爱'哥哥的。"两人还避着众人要去芦雪广烧烤鹿肉。

两人一般睡觉不安稳，宝玉睡觉还说梦话，把宝钗给怔了，湘云醉眠芍药裀，香梦沉酣，红香散乱，用鲛帕包了一包芍药花瓣枕着，口内犹作睡语说酒令。在屋里睡也好不到哪里去，一把青丝拖于枕畔，被只齐胸，一弯雪白的膀子掠于被外，睡态可人，哪像黛玉杏子红绫被裹得严严密密，安稳合目而睡，人一来立刻惊醒。

黛玉笑她"咬舌子爱说话"，唤宝玉二哥哥作"爱哥哥"，说"他两个（宝玉、湘云）再到不了一处，若到一处，生出多少故事来"。宝钗笑她"再不想着别人，只想宝兄弟，两个人好憨的。这可见还没改了淘气"。于钗、黛口中，别有一番意思。

第三章　蓝色的黛玉

▷ 排排坐，吃果果

黛玉打小就常听母亲说起外祖母家规矩大。这规矩大到什么地步？按王夫人的说法："只说如今你林妹妹的母亲，未出阁时，是何等的娇生惯养，是何等的金尊玉贵，那才象个千金小姐的体统。如今这几个姊妹，不过比人家的丫头略强些罢了。通共每人只有两三个丫头象个人样，余者纵有四五个小丫头子，竟是庙里的小鬼！"从这里，我们可以想见荣府当年的荣华富贵和规矩森严。

一路走来，从接她进京的三等仆妇，门前华冠丽服的仆人，到府内府外两拨轿夫，众多婆子丫头，无处不显出荣府的规格，因此黛玉"步步留心，时时在意，不肯轻易多说一句话，多行一步路"，唯恐被人耻笑。

见过外祖母，又去见大舅舅，邢夫人苦留晚饭，黛玉坚持必要先去见了二舅舅，改日再领，逃过一劫。若真是吃了晚饭，岂不是对二舅舅、二舅母不恭，留下不好的第一印象，将来如何相处？

众嬷嬷引着去见王夫人，考试正式开场。到了耳房，老嬷嬷们让黛玉炕上坐，炕上的位置本是贾政、王夫人的，自不便坐，黛玉只向东边椅子上坐了，顺利通过第一轮考试（图一）。

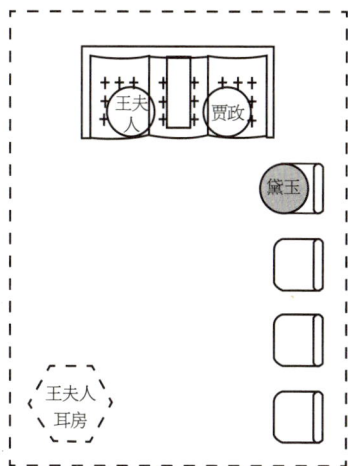

图一

嬷嬷又引黛玉出来，到东廊三间小正房内，王夫人坐在炕上西边下首，见黛玉来了，便往东让。黛玉料定这是贾政之位，便遵循刚才的原则，只坐在椅子上（图二）。

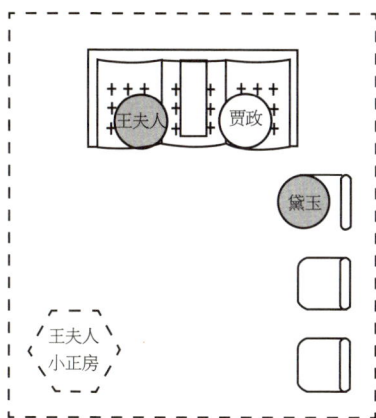

图二

王夫人再三携她上炕，黛玉面临附加题：上炕还是不上炕？不上炕，难道还要舅母四五次邀请？上炕，那明摆着是舅舅的位置，在舅母的上首，怎么坐？黛玉想出一招，挨着舅母坐下，既遵了令，又显亲近（图三）。

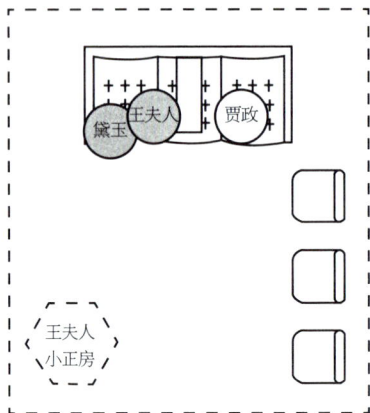

图三

后来宝玉、贾环、贾兰到邢夫人处请安，邢夫人单拉着宝玉炕上坐，只叫环、兰椅子上坐，也是表示对宝玉的亲密。

两人说了一会儿话，贾母传饭，两人便往贾母房里来，王夫人、李纨、凤姐侍候，贾母独坐榻上，两边四张空椅，凤姐忙拉了黛玉在左边第一张椅上坐了，黛玉哪里肯坐，十分推让。老太太不愧是见多识广，一句话，解决了黛玉心中的疑惑："你舅母你嫂子们不在这里吃饭。你是客，原应如此坐的。"黛玉方才坐下（图四）。

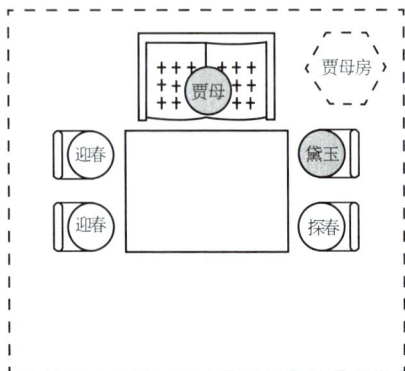

图四

贾府是大家族、世家，对"排排坐"非常讲究。首先要尊客，比如妹妹薛姨妈以客居身份总排在姐姐王夫人之前。黛玉虽最小，初进荣府，以客人的身份排在三春之前，因此需坐左首。其次是讲长幼，迎、探、惜依次坐下，媳妇辈要不单吃，要不后吃，只有伺候的份，没有同吃的理，只有逢年过节家宴例外。

三番排排坐，黛玉靠着谨慎小心安然度过，可考试还没完。吃完饭，各有丫鬟用小茶盘捧上茶来，黛玉接了茶，并不吃，只观察众姐妹。只见有人又捧过漱盂来，黛玉照着姐妹的样子漱了口。

原来这茶不是吃的，是拿来漱口的，要是黛玉不知规矩，吃了一口，岂不是被众奴仆丫鬟讥诮？

有人也许会说，这有什么难的？那我们就来看看王敦：

大将军王敦娶了公主，上厕所，看见漆箱里装着干枣，本是用来塞鼻子的，王敦以为厕所里也摆设果品，便吃了起来，而且全部吃光了。出来时，婢女端着装水的金澡盘和装澡豆的琉璃碗，王敦便把澡豆倒入水里喝了，以为是干饭。群婢莫不掩口而笑之。

> 幸好王敦是黄色性格，面不改色心不跳。石崇家的厕所，有婢女侍候，又让上厕所的宾客换上新衣服出来，客人大多因为难为情，不好上厕所。大将军王敦上厕所，就敢脱掉原来的衣服，穿上新衣服，神色傲慢。若是蓝色性格，还不知道如何惭愧悔恨难以收场呢。

终于考试完了，也该轮到男女主角相见，黛玉依然是不忘小心。贾母问黛玉念什么书的时候，黛玉的回答还是"只刚念了'四书'"，又问姊妹们读何书，贾母谦虚了下："读的是什么书，不过是认得两个字，不是睁眼的瞎子罢了！"宝玉再问时，黛玉马上改口："不曾读，只上了一年学，些须认得几个字。"

▷ 林妹妹收礼

琪官蒋玉菡，拿了北静王所赠、茜香国女国王进贡的大红汗巾子赠给宝玉，号称是肌肤生香、不生汗渍，宝玉一时冲动，解下松花汗巾换了，却忘了这原是袭人的东西，惹来袭人的气："我就知道又干这些事！也不该拿着我的东西给那起混账人去。也难为你心里没个算计儿。"要再说，又怕恼上宝玉的酒来，少不得睡下。

为了补偿袭人，宝玉趁睡把大红汗巾子偷偷换给袭人。袭人醒来看到，忙一顿把它解下来，说道："我不稀罕这行子，趁早儿拿了去！"宝玉见她如此，只得委婉解劝了一回。袭人无法，只得系在腰里。过后宝玉出去，终久解下来掷在个空箱子里，自己又换了一条系着。

袭人毕竟身份不同，要温柔和顺，要说宝玉，还怕宝玉恼酒，碍着宝玉的面子还系了一回。林妹妹可就没这么客气了。

北静王似乎专喜拿自家的贴身东西送人，路遇宝玉，将圣上亲赐的蕶苓香念珠从腕上卸下来赠给宝玉，宝玉又将这蕶苓香串珍重取出来，转赠黛玉，可黛玉不稀罕，说："什么臭男人拿过的！我不要他。"遂掷而不取。

红色的宝玉是讲究新奇好玩的，礼物贵不贵重不重要，送礼的形式也不重要，礼物好不好玩最重要；对黛玉而言，礼物贵不贵重不重要，送礼的形式很重要，谁送的礼物、送礼的心意最重要。

　　不接礼物，并不是送礼的人不重要，而是礼物的形式有瑕疵，红色看只是瑕疵，蓝色看可是不可妥协的原则，这东西不相干的臭男人拿过，带着臭男人的味道，林妹妹有洁癖，怎么可能接受？仅宝玉戴过的又自不相同。所以，宝玉后来送了两条用过的旧帕子，就令林妹妹神魂驰荡，浮想联翩。一是男女之间，私相传递，表赠私物，被人知道了，怎么说得清楚？鸳鸯撞破司棋而不报告，竟是救了司棋的命，何况是公子小姐，老太太特地批过；二是私相传递的是心意，两人心意相通，怎不让人悲喜交加，回味不已？前一份礼虽重，但因宝玉不明白林妹妹心思，没送到点子上。后一份礼可比杨过将真力灌注于木剑，化腐朽为神奇，两条旧帕当真称得上礼轻情意重。

　　就算不是臭男人送的礼也有讲究。贾妃端午节送礼，宝玉和宝钗一样，是"上等宫扇两柄，红麝香珠二串，凤尾罗二端，芙蓉簟一领"，而贾家三姐妹连同黛玉单有宫扇和香珠，是贾妃暗指宝、钗"金玉良缘"。

　　宝玉不信，奇怪为什么林妹妹同自己不一样，宝姐姐反同自己一样！猜测"别是传错了罢"之余，又叫来丫鬟："拿了这个到林姑娘那里去，就说是昨儿我得的，爱什么留下什么。"

　　试想来，贾宝玉这样的大红色都看得出来贾妃之意，冰雪聪明的林妹妹如何会不知道？黛玉心里本不高兴，宝玉这么一送，更是触动心事，幸而不是宝玉亲去，否则又必恼了：你明知我心里正为这金玉之事不开心，你却偏拿来显，显见是你不知道我的心，算我素日里白用了心了，恐怕非连人带礼一起赶出来才是。果然，丫鬟拿了去，不一时回来说："林姑娘说了，昨儿也得了，二爷留着罢。"

　　宝玉还不理解黛玉的心理，哪壶不开提哪壶，遇见黛玉赶上去笑道："我的东西叫你拣，你怎么不拣？"黛玉自然恼了："我没这么大福禁受，比不得宝姑娘，什么金什么玉的，我们不过是草木之人！"

即便大家是一般的礼物，送的顺序也很有学问。

宝钗不爱花儿粉儿的，薛姨妈命周瑞家的把十二枝宫花分送诸人：迎春、探春、惜春并黛玉一人两枝，凤姐四枝。周瑞家的一路送来，最后才到黛玉这边，周瑞家的进来笑道："林姑娘，姨太太着我送花来与姑娘戴。"

宝玉不管三七二十一，早伸手接过来打开再说："什么花？拿来给我。"

黛玉的心思可重，只问："是单送我一个人的，还是别的姑娘们都有？"各位可想而知，黛玉心中，有何等丘壑？待到知道自己是最后一个，冷笑道："我就知道，别人不挑剩下的也不给我。"

亦舒在《痴情司》里把鲜花换成了茶点，对这段做了精彩的演绎：

人家挑剩才给你，摆明不把你放在眼内，水暖鸭先知，最势利的便是这干佣人，你何必把七情六欲都摆在脸上叫他们知道，再说，已经吃了亏，还要赌气，岂非贱多三成，当然是吃了再说。

▷ 苦难之养成

世人多云黛玉多愁善感，是幼年失母，稍长丧父，寄人篱下，遭遇如此坎坷，不得不养成如此孤高自许，如此多愁善感。

可是做人是讲运气的，生命从来就不曾公平过，而人生不如意事十之八九，纵不能如李白"人生在世不称意，明朝散发弄扁舟"，却也不用终日愁眉苦脸，貌似"常怀千岁忧"。乐观悲观，唯人自招，"一味纵容地自悲自怜，便越来越消沉"，亦舒如是说。

且不远说郭靖哥哥、李文秀妹妹，君不见湘云襁褓之中不幸父母双亡。寄住在叔叔婶子家里，纵居那绮罗丛，不知娇养，一个月只有几串零用，平日里还要靠女红养活自己，有时候做针线活要做到半夜三更，若是替别人做一点半点，她家的那些奶奶太太还不受用呢。湘云单独和宝钗说话，说家里累得很，说着说着连眼圈儿都红了，口里含含糊糊待说不说的。比之黛玉上有贾母扶持，中有姐妹照顾，下有紫鹃宽慰，更有宝玉朝夕相伴，艰苦更胜十倍，依然是"英豪阔大宽宏量"，终博得"霁月光风耀玉堂"。为何？性格使然。

黛玉中秋节对景感怀，自去俯栏垂泪，还是同病相怜的湘云宽慰说："你是个明白人，何必做此形象自苦。我也和你一样，我就不似你这样心窄。何况你又多病，还不自己保养。"

同时咏菊，湘云高歌的是"数去更无君傲世，看来惟有我知音"，而黛玉低吟的是"满纸自怜题素怨，片言谁解诉秋心"。

红色的湘云，有一份的苦难，借红色之力，减去一半；而蓝色的黛玉，有一份的苦难，因蓝色性格，增加一倍。

君不见香菱，三岁被诅咒，五岁被拐，十二三岁被卖，要娶她的冯渊却被打死，接着嫁人为妾，二十岁呆霸王娶了正妻，又找法子把她撵走。父母、本名、年岁、家乡一概不知，怎么不见她多愁善感，菱花秋水，顾影自怜？也不见香菱如祥林嫂般唠叨"我真傻，我不知道春天也会有狼"，性格使然。

同是寄人篱下或为人奴婢，湘云难得来趟贾府，住了几天又不得不回去，回去时叮嘱宝玉时常提醒老太太去接，眼泪汪汪的，见有她家人在跟前，又不敢十分委屈，怕回去受气。香菱听说要进大观园兴高采烈，都是把大观园当作避难所；平儿受了委屈，鸳鸯要躲婚姻，也都跑到大观园来散心。而黛玉久居其中，却哭哭啼啼不止。性格使然。

香菱有一种逆来顺受、随遇而安的能耐。薛蟠离家，香菱进园就想学诗，更衣一节也见小女儿心思。阳光即使不多，香菱也能灿烂起来。

湘云则有一种豁达，如三毛所说："我知道，我笑，便如春花，必能感动人的——任他是谁。"

再说了，一个要做针线活到深夜，一个伺候人更没底，哪有时间来埋怨命运？

而黛玉，生下来"五衷便郁结着一段缠绵不尽之意"，父母早丧，寄居贾府，每当发生猜忌、口角和怄气，她总是把此归罪于自己的身世不幸、遭遇坎坷，暗自垂泪，这又增加了黛玉的多愁善感。"一年三百六十日，风刀霜剑严相逼"，大半是自己想象出来的。

所以说幸与不幸，亦人自招。

第四章 黄色的宝钗

▷ 亚历山大的剑，高洋的刀

宝钗常被称为冷漠无情，"竟是雪堆出来的"，宝钗自许"冰雪招来露砌魂"，宝玉诗云"出浴太真冰作影"，花签"任是无情也动人"，药名"冷香丸"，其实宝钗虽"冷"，却绝非无情，我们先来解剖宝钗被称为无情的几个最重要的证据：金钏跳井事件、湘莲出家事件、滴翠亭事件。**宝钗在这几件事之中，表现出来的是"泰山崩于前而色不变，麋鹿兴于左而目不瞬"的冷静，而不是冷酷。**

三姐饮剑、湘莲出家，薛姨妈、薛蟠两个红色还在那边唉声叹气，只有宝钗听了，并不在意，既然死的死了，出家的出家了，哭有何用？想有何用？只好由他去，哭着想着损了自己的身子岂非犯不着？不如省下精力，办正事要紧："倒是自从哥哥打江南回来了一二十日，贩了来的货物，想来也该发完了。那同伴去的伙计们辛辛苦苦的来回几个月了，妈妈和哥哥商议商议，也该请一请，酬谢酬谢才是。"

宝钗关注的是解决问题，这和有情无情全不相干。滴翠亭旁，宝钗心里所想，无非也是解决问题："今儿我听了他的短儿，一时人急造反，狗急跳墙，不但生事，而且我还没趣。如今便赶着躲了，料也躲不及，少不得要使个'金蝉脱壳'的法子。"本是金蝉脱壳，无意嫁祸江东，灵活机变，实非常人。

宝钗听说金钏跳井，忙向王夫人处来道安慰。注意此时宝钗并不知详情，王夫人当然不会也不能说出实情，只说金钏打了东西被撵，气性大，就投井死了。

宝钗叹道："姨娘是慈善人，固然这么想。据我看来，他并不是赌气投井。多半他下去住着，或是在井跟前憨顽，失了脚掉下去的。他在上头拘束惯了，这一出去，自然要到各处去顽顽逛逛，岂有这样大气的理！纵然有这样大气，也不过是个糊涂人，也不为可惜。"然后劝王夫人，"姨娘也不必念念于兹，十分过不去，不过多赏他几两银子发送他，也就尽主仆之情了。"又拿出自己的新衣服，给金钏妆裹。

探究宝钗的心理：

第一，人已经死了，哭有什么用？能救人？既然不能救人，那干吗还要哭？现在最重要的是安慰王夫人，以及摆平金钏的家人。"失了脚掉下去的"是最好的安慰，"多赏他几两银子"是最好的解决方案，也算为金钏家人多争得一些福利。这和三姐饮剑时宝钗的冷静是一个道理。

第二，我不悲伤不表示我和你不好，你"活着的时候也穿过我的旧衣服"，死了我也"不忌讳"，既成全了朋友之谊，又成全了王夫人的心意。

第三，**黄色的坚强，让黄色性格的人不容易选择自杀**。自杀是弱者的选择，若真要为这打碎东西被撵跳了井，可不是糊涂？宝钗心里所想，口中所说，不可错认这单是安慰之辞。

从上面三件事可以看出，黄色的心思，如同亚历山大的剑，永远是为了解决问题而存在，即使是复杂如戈迪亚斯绳结，亚历山大也能找准目标，一剑而解。无独有偶，北朝的高欢拿出一团乱丝考几个儿子，其中一个儿子抽出刀来，斩成数段，他就是后来的北齐开国皇帝高洋。

宝玉挨打之后，袭人找了茗烟来细问："方才好端端的，为什么打起来？你也不早来透个信儿！"问清楚缘由，等人少了，开始劝宝玉："你但凡听我一句话，也不得到这步地位。"

袭为钗副，袭人如此，宝钗又如何？宝钗拿着一丸药进来，讲清功能用法，之后一般的劝法："早听人一句话，也不至今日。"一般的查根问源："怎么好好的动了气，就打起来了？"

黄色的关注点，是解决问题，找药治疗，免得留下后遗症是第一位的；了解前因后果，加之劝诫，以免将来，又次一等；至于哭，没用，又何必哭？

如果因此说黄色无情，恐怕不妥，宝钗点头叹道："别说老太太、太太心疼，就是我们看着，心里也疼……"刚说了半句又忙咽住，自悔说的话急了，不觉地就红了脸，低下头来。孰谓无情？殊不知歪打正着，宝钗的关怀，对宝玉而言，倒比什么药都灵验，不觉心中大畅，将疼痛早丢到九霄云外去了。

▷ 随分从时

宝、黛进荣府之后，作者比较二人："宝钗行为豁达，随分从时，不比黛玉孤高自许，目无下尘。"比通灵一节亦借宝玉之眼："罕言寡语，人谓藏愚，安分随时，自云守拙。"这"随分从时"，乃黄色定评。五十六回题目，用"时宝钗小惠全大体"。孟子说孔子是"圣之时者也"，反复强调"可以速而速，可以久而久，可以处而处，可以仕而仕，孔子也。"《周易》说："尺蠖之屈，以求信（伸）也；龙蛇之蛰，以存身也。"一言以蔽之，能屈能伸，该做的就做，该说的就说，不能做的不该说的，永远不做不说。

宝钗借着论画画说了一番做人的道理："你就照样儿往纸上一画，是必不能讨好的。这要看纸的地步远近，该多该少，分主分宾，该添的要添，该减的要减，该藏的要藏，该露的要露。"所以凤姐说她"不干己事不张口，一问摇头三不知"，都是奉命辅助李纨，探春大张旗鼓、兴利除弊，宝钗只是小惠全大体，且不让莺儿的娘管弄香草，是宝钗小心、避嫌处。

宝钗讲究的，是"又要自己便宜，又要不得罪人"的现实主义，为的是"只愁我人人跟前失于应候"。对姐妹们，待人接物，不疏不亲，不远不近。可厌之人，亦未见冷淡之态，形诸声色；可喜之人，亦未见醴密之情，形诸声色，送礼挨家送到，并不遗漏一处，也不露出谁薄谁厚。

小气糊涂的赵姨娘和人物猥琐、举止荒疏的贾环母子俩，在这男男女女都是"一个富贵心，两只体面眼"的家里备受歧视，但宝钗素习待贾环如宝玉，贾环赶围棋耍赖哭闹，宝钗恐宝玉教训他，还连忙替贾环掩饰。薛蟠带来土仪，少不了贾环的一份。待赵姨娘、贾环尚且如此，何况姐妹？

因"行为豁达，随分从时"，宝钗大得下人之心。便是那些小丫头子，亦多喜与宝钗去玩笑，比如靛儿就敢和宝钗开玩笑，说藏了她的扇子。赵姨娘都说："人人都说宝姑娘会行事，很大方，今日看来，果然不错。"滴翠亭红玉论道："若是宝姑娘听见，还倒罢了。林姑娘嘴里又爱刻薄人，心里又细，他一听见了，倘或走露了风声，怎么样呢？"

红玉虽然冤枉了林姑娘，但也明白说出宝姑娘不大传谣，玫瑰露和茯苓霜事件之后，宝钗对宝玉说"殊不知还有几件比这两件大的呢"，却不轻易叨登出来，是宝钗平和之处；又告诉平儿，为免了翻出来时不至于没有头绪，冤屈了人。

能审时度势，又能善待众人，是宝钗得力处。

不妄言轻动，并不是没有见地。灯节里贾政在场，湘云并二玉都有些扭捏，只有宝钗坦然自若，压倒众人，颇有些坦腹东床的风姿。凡事为善，但若把她看成好欺负的，可真打错了算盘，连她那泼妇嫂子都"知其不可犯"，轻易不敢招惹的。

第五章 绿色的岫烟

▷ 水善利万物而不争

岫烟家原寒素，赁着庙里的房子住，想想雨村落魄时，就知道住在庙里是何等的不堪，而岫烟一住竟是十年。后来跟着父母进京投亲，寄人篱下，是大观园诸姐妹中最穷困的一个，琉璃世界白雪红梅，小姐们个个不是猩猩毡就是羽缎羽纱，只有她穿着件旧毡斗篷，可岫烟处之泰然。与宝琴、李纨作诗亦不露怯；过生日没人记得也罢，湘云提起来，一样不卑不亢地到各房去还礼。宝玉赞她"野鹤闲云"，惊奇她得妙玉推崇，岫烟宠辱不惊，淡淡地回说"他也未必真心重我"。**在众人眼里，岫烟端雅稳重、知书达礼、温厚可疼，不是那种佯羞诈愧、一味轻薄造作之辈。**

宝钗是"淡极始知花更艳"，目标仍在"艳"字，岫烟是"浓淡由他冰雪中"，更为随意。平儿得凤姐容下时没有想法，岫烟惹人怜惜处在于从不争取，因为不争，自然得到怜惜，堪与灰姑娘、白雪公主鼎足为三。

姑姑邢夫人在贾府不得志，人缘又不好，岫烟虽也是水葱般的人，可宝琴珠玉在前，终没能入老太太的法眼，加上岫烟穷困，因此初入府时并不受欢迎，凤姐只往迎春屋里一送了事，平儿丢了虾须镯先就疑惑上她的丫头。不料几番交接下来，岫烟颇得众人喜爱，凤姐品定"温厚可疼"四字考语，怜她家贫命苦，只要住在大观园，也按照迎春的份例送一份与岫烟，一个月二两银子，其他人也许不在乎，但对于投亲奔友的岫烟可是大有用处。

就这二两银子，姑姑还让她平时借着搭着靠着迎春的东西使，好省出一两来给爹妈。岫烟自然听话，然而又不愿使迎春的东西，何况迎春房里，一个能大闹厨房的司棋，一个能招揽赌局、拿着小姐首饰周转的奶娘，还有一个恶人先告状的媳妇，不蹭你的就算好，哪里由你来蹭？三天五天的，岫烟还请迎春屋里的妈妈丫头们打酒吃点心，一月二两银子还不够使，如今又去了一两，更是不足，岫烟依然安之若素，也不与人张口，只悄悄地拿棉衣当了几吊钱盘缠，幸好宝钗看到。

不独凤姐，平儿也拿了凤姐的大红羽纱与她避寒。探春见岫烟没有玉佩，所以送了一个，岫烟就佩上；宝钗看见，发了一通"从实守分"的议论，岫烟就笑说要摘掉；宝钗又说："这是他好意送你，你不佩着，他岂不疑心。"岫烟忙又答应。怪不得宝钗说她"也太听话了"。

好人有好报没有适用在迎春身上，却适用于岫烟，薛姨妈看上了"生得端雅稳重，且家道贫寒，是个钗荆裙布的女儿"，不敢说与薛蟠，反说与薛蝌为妻。薛蝌、岫烟上京时有一面之遇，二人心中也皆如意，按宝玉的说法，薛蝌"倒象是宝姐姐的同胞弟兄似的"，可见英俊，且人品也不错。如此"天生地设"的一对，如同灰姑娘、白雪公主一般"过上了幸福的生活"，为"上善若水"做出了极好的注释。

第三篇

红色篇

第一章　阳光雨露，哪得均沾——贾母

▷ 差别化泛爱主义

宝玉泛爱，贾母也不例外。宝玉的泛爱是针对一切美貌的女儿、少妇和女性化的男人，而老太太的泛爱则是对孙子孙女、亲友、丫头以及一切"可怜见的"，亲自抚养宝玉并一干孙女、堂孙女、外孙女、侄孙女，关照孙媳妇、重孙媳妇，善待亲友、丫头，且惜老怜贫。

子孙既多，难免有个亲疏，老祖宗喜欢的，占了便宜，多分点阳光雨露。

老祖宗的标准在清虚观打醮一回说得清楚："上回有和尚说了，这孩子命里不该早娶，等再大一大儿再定罢。你可如今打听着，不管他根基富贵，只要模样配的上就好，来告诉我。便是那家子穷，不过给他几两银子罢了。只是模样性格难得好的。"

简简单单两条：模样儿俊、性格好。若说这单是为宝玉婆媳妇定的标准做不得数，且看老太太平日里，见了秦钟"形容标致，举止温柔"，就得出"堪陪宝玉读书"的结论；寿日里喜鸾和四姐儿"生得又好，说话行事与众不同"，老太太心中喜欢，命他两个也过来榻前同坐，还留下玩两日再去，享受了族中几房二十来个孙女儿本享受不到的待遇；一如宝玉在袭人一众姐妹中相中了穿红的两姨妹子，感叹"怎么也得他在咱们家就好了"。

照这个标准，宝玉自然比贾环占了先，宝玉魔魇，几乎死去，贾母如同摘心去肝一般。宝玉挨打，贾母气得直说："先打死我，再打死他，岂不干净了！"看了宝玉又是心疼，又是生气，抱着哭个不停。

黛玉是外孙女儿，宝钗是亲戚家的孙女，二人和李纨、宝玉占了四大处，迎、探、惜三姐妹却反居其下；三姐妹中也有差别，探春见得太妃，迎春、惜春姐妹见不得。宝琴最投老太太的缘法，逼着太太认了干女儿，连园中也不命住，晚上跟着老太太一处安寝，还把宝玉都不舍得给的凫靥裘给了宝琴，当然，更好的雀金裘还是留给了宝玉。

不但小姐们如此，贾母对这几个模样儿好、行事又好的丫鬟也是倍加疼爱。离了鸳鸯，老太太连饭也吃不安生，贾赦欲娶鸳鸯，贾母大发雷霆"他要什么人，我这里有钱，叫他只管一万八千的买，就只这个丫头不能。留下他伏侍我几年，就比他日夜伏侍我尽了孝的一般"，凤姐泼醋之后贾母"命凤姐儿和贾琏两个安慰平儿"，把袭人、晴雯给宝玉，紫鹃给黛玉。

须知"平、袭、紫、鸳"并晴雯都是生得极好，行事做人温柔可靠。

若是天生模样儿不够俊，性格不够伶俐，休想让老太太的法眼刮到你这里。老太太高高在上，那么多人撮哄着、供着，哪里由你近得了身呢？教你一招，成为"可怜见的"，虽然登不上大台面，终究可以得点好处。

秋纹送花，贾母怜惜生得单柔，赏了几百钱；吃饭时唤鸳鸯、琥珀、银蝶同吃；心性愚顽的呆大姐，也颇得老太太喜欢。

宝钗生日，看见一个十一岁的小旦并一个九岁的小丑，两个小戏子可怜巴巴的，贾母额外赏两串钱并些肉果吃。清虚观打醮，十二三岁的小道士撞了凤姐挨了巴掌，贾母怜惜"小门小户的孩子，都是娇生惯养的，那里见的这个势派。倘或唬着他，倒怪可怜见的，他老子娘岂不疼的慌？"让贾珍带他去给了些钱买果子吃。

▷ 需针一针的偏心

小时候学习《左传》，都是从"郑伯克段于鄢"开始的，所谓孔子春秋笔法，尽于此六字。郑庄公之母姜氏偏爱幼子段，为其讨要京城为封地，又撺掇其谋反，结果被杀，郑庄公也发誓：不到黄泉不见姜氏。

历史总是惊人的相似，小说更不能脱离于历史之外，贾赦是嫡长子，袭了官，夫妇两个不得老太太的欢心，不得居于正室，只合住在花园里隔断另设的院子里，正房厢庑游廊都是小巧别致，没有大院里轩峻壮丽。贾政是次子，却住仪门内大院落，四通八达，轩昂壮丽。贾琏、凤姐是贾赦子媳，又和贾母、贾政、王夫人一并住在荣国府大院内。

家务本当由长媳邢夫人掌管，偏邢夫人不为贾母喜欢，由次媳王夫人掌管。说由王夫人掌管，偏又由贾赦的儿子贾琏帮着料理。说由贾琏料理，偏又由贾赦儿媳、贾琏之妻、王夫人内侄女王熙凤掌握实权，贾琏爷倒退了一射之地。

贾琏醉里吐了真言"都是老太太惯的他"，这些偏心，贾政尚且委婉地要叫"何疼孙子孙女之心，便不略赐以儿子半点？"何况贾赦？果然说出天下父母多心偏的笑话来，贾母也只得吃半杯酒，半日笑道："我也得这个婆子针一针就好了。"

对宝玉，贾母的偏心和宠爱，更发展为纵容。宝玉本该和兄弟们一样别院另室居住的，只因老太太疼爱，反是同姊妹们一处娇养惯了的。黛玉既进贾府，住在碧纱橱里，宝玉该挪到套间暖阁儿里方合礼制，老太太想了一想，竟又同意他在碧纱橱外安歇，或者老太太此时已存了亲上加亲的念头？

贾府的规矩，教训儿子是要天天打，竟像审贼一般。贾政也曾依着家教管过，因老太太护在头里，贾政毫无招架之力，久而久之，也不敢管了，宝玉甚至没有上过正经学堂。宝玉不成才，贾母的责任最大，君不见触龙说赵太后？

贾府的衰亡，贾母也需负相当大的责任。

贾母虽然是红色，进贾府从重孙子媳妇做起，到如今自己也有了重孙子媳妇，连头带尾五十四年，大惊大险、千奇百怪的事也经历了些，年长之后，很有威严，在贾府具有绝对的权威，贾氏族长、掌管宁国府的贾珍，掌管荣国府的贾政，独门另过的贾赦，都挨过老太太的批。贾赦欲讨鸳鸯不成，只好告病，贾琏一句"都是老太太惯的他"，只有下跪谢罪。在她跟前，凤姐也只敢说几个半奉承半打趣的笑话，除了鸳鸯，谁也不敢驳老太太的回。

贾母因为见识多，所以熟知轻重缓急，比如老太太对礼数颇为在意，发表过几次重要的论断：小姐们不许听才子佳人的书，公子哥们不可缺了正经礼数，下人没有什么孝与不孝的说法，等等。

最厉害的一次是查赌，贾母深知其中可能趁便藏贼引奸引盗的利害，所以严加惩处，正巧其中有迎春的乳母，黛玉、宝钗、探春等人物伤其类，起身求情，贾母的眼光却更远，知道哥儿姐儿的奶妈们仗着比别人有些体面，惹是生非，还专管调唆主子护短偏向，因而正好拿来作法，杀鸡儆猴，其雷厉风行，坚决果断，还在凤姐之上。

然而，**贾母的偏心和不顾礼法也造成了贾府的奴仆势利**。贾母寿日，二十来个女孩子中，单留下喜鸾和四姐儿玩两日再去，吩咐下来："留下的喜姐儿和四姐儿虽然穷，也和家里的姑娘们是一样，大家照看经心些。我知道咱们家的男男女女都是'一个富贵心，两只体面眼'，未必把他两个放在眼里。有人小看了他们，我听见可不依。"照得见他人，照不见自己，上行下效，奴仆们学会的，只是势利眼，以老太太喜欢与否为标准，以此类推，众人作践尤二姐，也多因贾母不喜欢。

赵主父胡服骑射，一代明君，终因废长立幼，饿死在沙丘宫。周昌一句"臣期……期不奉诏"，刘邦没立成幼子，可转眼间吕后把戚夫人变成了人彘，如意自然也活不下去。老太太寿终正寝，还是"惜老怜贫"积了福。

第二章 为人父母

▷ 被误读的贾政

自俞平伯先生起，贾政饱受批判，什么"假正经"，什么封建礼教忠实的卫道士，什么冬烘先生，甚至更离奇的是把赵姨娘误读成"打发贾政安歇"的泄欲工具。其实，贾政出场和宝玉、黛玉、可卿出场一样，用三渲之法，级别之高，足见作者的喜爱和重视。先借冷子兴之口评述，只说"自幼酷喜读书，祖父最疼"，再用妹夫林如海夸奖"其为人谦恭厚道，大有祖父遗风，非膏粱轻薄仕宦之流"，尚嫌不够，最后作者自述"这贾政最喜读书人，礼贤下士，济弱扶危，大有祖风"。

后面的事实也证明了几人所言非虚，贾政住处"靠东壁面西设着半旧的青缎靠背引枕……亦是半旧的青缎靠背坐褥……也搭着半旧的弹墨椅袱"，一溜子半旧的，比之贾赦许多盛妆丽服之姬妾丫鬟，颇有不同。

贾珍欲为可卿用亲王级别的樯木，众人都奇异称赏，只有贾政软绵绵地劝诫："此物恐非常人可享者，殓以上等杉木也就是了。"贾珍不听。

贾赦将迎春许与孙绍祖，贾政认为孙家虽是世交，然而当年不过是希慕荣宁之势，有不能了结之事才拜在门下的，并非诗礼名族之裔，所以劝谏过两次，贾赦不听，也只得罢了。

这几事，一见贾政人品，二见贾政会劝，劝了不听也就作罢，不会强谏。

或有讥贾政冬烘，其实贾政天性也是个诗酒放诞之人，只后来名利之心大灰，素性潇洒，公暇之时，只是看书，闷了便与清客们下棋吃酒，聊聊恒王好武兼好色，或日间在里面母子夫妻共叙天伦庭闱之乐，家庭生活很有质量，何来"冬烘"？元宵灯谜献贺礼、中秋传花说故事，虽然愣头愣脑，总都是为了承欢膝下，尽力而为，不像贾赦非要弄出事情来让大家不高兴。大观园题匾额，自知迂腐之谈会使花柳无色，不肯强作解人，先用宝玉，后用黛玉诸姊妹，也是识趣的主。

对于家务事，贾政不惯于俗务，只凭贾赦、贾琏等人安插摆布。**红色性格不爱管理家务，偏有若干借口**，"一则族大人多，照管不到这些；二则现任族长乃是贾珍，彼乃宁府长孙，又现袭职，凡族中事，自有他掌管；三则公私冗杂，且素性潇洒，不以俗务为要，每公暇之时，不过看书着棋而已，余事多不介意。"

贾政不惯于俗务到何种地步呢？

宝玉搬进大观园前贾政训话时，贾政初次听闻"袭人"的名字，问道："袭人何人？"这二十三回上，宝玉十三岁，袭人改名最少已有五年（自第五回梦游太虚起）。五年之久，连儿子的头一号大丫鬟名字也不知道，何况总共五个子女，贾珠亡故，元春入宫，宝玉是眼前最大的一个，这是何等的"不惯于俗务"！

虽说是男主外、女主内，贾政如此尚可理解，王夫人竟也如此，宝玉房中的丫鬟，只知袭人、麝月，连晴雯的名字也是到若干年以后才知道，真可谓"不是一家人，不进一家门"。

▷ 终身遗憾的解决之道

贾政出身名门，谦恭厚道，礼贤下士，济弱扶危，倒有些柴进的风范。此时的贾政，抱有的是"致君尧舜上，再使风俗淳"这样"修齐治平"的人生理想和伟大抱负。

作为次子，没有爵位可以继承，好在贾政自幼酷喜读书，有望通过科甲出身，读书、科举、做官三步曲，是中国多少代文人的梦想，也是贾政少时的梦想。蒲松龄七十一岁才补了贡生，梁灏八十二岁中了状元，贾政是幸运的，皇帝念着祖宗的功劳，额外赏赐了一个主事之衔，一上位，就是助理司长，仕途可期；贾政也是不幸的，有了职位，就无法再参加科举考试，科举也就成了他的终身遗憾。

中国人解决终身遗憾有两种方法：

第一种是精神胜利法，阿Q的是初级精神胜利法，高级一点的，演员总以为自己可以写书，政客们往往写得一手好字，作得一幅好画，科学家往往弹一手好琴，似乎要不是忙在工作上，演员是天生的作家，政客是天生的书法家、画家，而科学家竟是天才的音乐家。

第二种是子孙延续法，我不如你，可我的儿女比你儿女强。自己没有考上大学，就要子女考大学，贾政自己没机会参加科举，希望自己的儿子能够实现自己的心愿。大儿子贾珠十四岁进学，虽算不得前无古人，也算是少见的神童，最有希望了却父亲的心愿，可惜，天不从人愿，一病死了。这样，立身举业、光宗耀祖的希望就落到了宝玉身上。

> **贾政对宝玉态度的逐步转变，可以清楚地看到"达则兼济天下，穷则独善其身"的儒家红色思维。**

宝玉衔玉而诞，众人都说来历不小，贾政也颇有期待。不料宝玉抓周时只抓些脂粉钗环，贾政非常不高兴地下了定义："将来酒色之徒耳！"

连子侄辈中，贾政都少不得规以正路，何况宝玉？为了使儿子能从科甲出身，贾政是花了些力气的，对待宝玉，最初很严厉，可是宝玉仗着祖母溺爱，父母亦不能十分严紧拘管，更觉放荡弛纵，任性恣情，这些教导并不见效，因此渐渐地变成貌似严厉，其实只是虚张声势。

宝玉上学前到贾政处请安，贾政训完宝玉训跟班："倒念了些流言混话在肚子里，学了些精致的淘气。"倒有些清客面前的显摆。

大观园试才题对额，贾政对宝玉的才情是满心欢喜，点头不绝，可当着众清客的面，偏偏嘴上不让步。宝玉说话，命为"无知的业障""狂为乱道"，斥问"谁问你来"吓得宝玉不敢再说，又断喝："怎么你应说话时又不说了？还要等人请教你不成！"总之说话不对，不说话也不对。一切匾联评论，贾政总批胡说，清客们褒赏，也说"不可谬奖""休如此纵了他"，拈髯点头微笑就是最高级别的奖赏。生气时喝命："又出去！"刚出去，又喝命："回来！"

元春命宝玉随姐妹们入住大观园，贾政因见宝玉神采飘逸，秀色夺人，王夫人只有这一个亲生的儿子，素爱如珍，自己胡须将已苍白，素日嫌恶处分宝玉之心不觉减了八九，训话也说得轻了："娘娘吩咐说，你日日外头嬉游，渐次疏懒，如今叫禁管，同你姊妹在园里读书写字。"贾政的幽默感，"精致的淘气"外，于"禁管"二字再现。

后来贾政外放学差，年纪渐大，名利大灰，觉得宝玉虽不读书，竟颇擅诗词之道，细评起来，也还不算十分玷辱了祖宗。反正祖宗们也有深精举业的，却不曾发迹过一个，连他自己也算一个，看来这是贾门之数。况且老太太溺爱，也就不再强以举业逼他了。摆脱了终身遗憾的压力，对宝玉的考评也立刻升级成"空灵娟逸""天性聪敏"。

中秋宴上宝玉作诗，贾政赏了两把海南带来的扇子。赏桂花时因喜欢他前儿诗作得好，也带上宝玉，还叫贾环、贾兰学着点。闲征姽婳词时，宝玉欲用古体作诗，合了贾政的主意，竟自己提笔在纸上写，虽然依旧说了"到底不大恳切"的话，但态度也不同往日了。

▷ 情绪化！大爆发！

这日宝玉会贾雨村葳葳蕤蕤，贾政原本无气的，见宝玉惶悚，应对不似往日，倒生了三分气；偏偏这时素日并不来往的忠顺王府差人来索琪官，要的偏偏又是戏子，长史官又极不客气，宝玉百般抵赖始招供，贾政又惊又气，气得目瞪口呆，已是八九分了；偏偏贾环趁机又告了宝玉强奸不遂，致使金钏投井，贾政的情绪终于到达十二分：面如金纸，眼都红紫了。

情绪化大爆发的结果是：贾政气喘吁吁、直挺挺坐在椅子上，满面泪痕，一叠声："拿宝玉！拿大棍！拿索子捆上！把各门都关上！有人传信往里头去，立刻打死！"

拿来宝玉，贾政也不暇问他是否在外流荡优伶、表赠私物，在家荒疏学业、淫辱母婢等语，只喝令："堵起嘴来，着实打死！"

发作起来不问青红皂白，是情绪化的第一个表现。情绪化的第二个表现，越劝越急，越急越情绪化，所谓人来疯：

先命小厮打，小厮将宝玉按在凳上，举起大板打了十来下，贾政犹嫌打轻了，一脚踢开掌板的，自己夺过来，咬着牙狠命盖了三四十下。

众门客赶紧上来夺劝，贾政不听，火气反被煽起："你们问问他干的勾当可饶不可饶！素日皆是你们这些人把他酿坏了，到这步田地还来解劝。明日酿到他弑君杀父，你们才不劝不成！"劝的人反而有罪了，红色变脸，不分青红皂白。

众人又忙去送信，王夫人赶来，一进房，贾政更如火上浇油，那板子越发下去得又狠又快。

王夫人搬出老太太来再劝："倘或老太太一时不自在了，岂不事大！"贾政冷笑道："倒休提这话。我养了这不肖的孽障，已经不孝；教训他一番，又有众人护持；不如趁今日一发勒死了，以绝将来之患！"说着，便要绳索来勒死。

情绪化的第三个表现，边打边哭：

贾政前后哭了三次，打之前贾政气得"面如金纸"，想着"上辱先人、下生逆子"，"喘吁吁直挺挺坐在椅子上，满面泪痕"。

第二次是王夫人来劝，哭着喊着说贾政有意"绝"她，贾政"听了此话，不觉长叹一声，向椅上坐了，泪如雨下"。

第三次是王夫人叫着贾珠哭，李纨"禁不住也放声哭了"。贾政"听了，那泪珠更似滚瓜一般滚了下来"。

情绪化的第四个表现，爆发得快，收得也快，如夏日之阵雨。本来还是疾风骤雨，老太太一来，忽地蔫掉。

情绪化的第五个表现，打完就后悔：

贾政"看看宝玉，果然打重了……听了，也就灰心，自悔不该下毒手打到如此地步"。

有意思的是，对手戏的贾母，也是情绪化之下"一哭二闹三上吊"的路数。

"先打死我，再打死他，岂不干净了！"

"你原来是和我说话！我倒有话吩咐，只是可怜我一生没养个好儿子，却教我和谁说去！"

"我说一句话，你就禁不起，你那样下死手的板子，难道宝玉就禁得起了？你说教训儿子是光宗耀祖，当初你父亲怎么教训你来！"

"你也不必和我使性子赌气的。你的儿子，我也不该管你打不打。我猜着你也厌烦我们娘儿们。不如我们赶早儿离了你，大家干净！我和你太太宝玉立刻回南京去！"

招数相同，位阶高者胜，贾政也就只有自废武功，苦苦叩求认罪了。

▷ 世界上只有两种母亲——王夫人

王夫人平日里不大说话，乐于偷闲，事情上不留心，也不喜欢拿主意。从某种意义上对才能不高的王夫人来说，是个藏拙的好法子。贾政不好俗务，贾琏帮着料理，王夫人也好清净，吃斋念佛，就由凤姐冲锋陷阵，凤姐生了病，又拉了李纨、探春、宝钗三驾马车来。虽这样说，难免有人来请示，王夫人还是不拿主意，凤姐问如何安排刘姥姥，王夫人让凤姐自个儿裁度，凤姐问派谁给临安伯老太太送礼，王夫人说瞧谁闲谁去。

若是有人拿了主意，那便省了麻烦，林之孝家的回说栊翠庵妙玉合适，一大通理由没等说完，王夫人说那就接了来，林之孝家的又回说妙玉示傲不来，王夫人就说下个帖子请他何妨。芳官等吵闹要出家做尼姑，干娘们来回，王夫人本想依了干娘们要打一顿威慑，做客的尼姑们说了一番好善乐施的法门，王夫人又依了姑子许了出家给两姑子做徒弟。

遇上婆婆贾母，连意见都不愿意发表。众人随老太太进大观园赏桂，说到吃饭，王夫人道："凭老太太爱在哪一处，就在哪一处。"哪里像凤姐出主意，说那藕香榭头头是道："那山坡下两棵桂花开的又好，河里的水又碧清，坐在河当中亭子上岂不敞亮，看着水眼也清亮。"

最有趣的是老太太要给凤姐过生日："初二是凤丫头的生日……咱们大家好生乐一日。"

王夫人笑道："我也想着呢。"

贾母笑道："今儿我出个新法子，又不生分，又可取笑。"

王夫人忙道："老太太怎么想着好，就是怎么样行。"

贾母笑道："我想着，咱们也学那小家子大家凑分子……"

王夫人笑道："这个很好，但不知怎么凑法？"

归纳一下便是：我也是这样想呢；你觉得怎么好，就怎么好；这个很好啊，总之我没意见。说话有时也不知回转，老太太怪袭人没参加，王夫人回说热孝在身，老太太就有些不高兴，幸有凤姐提着，编了一通三处有益的理由，糊弄得老太太直说周到。难怪老太太这样的活络人不喜欢王夫人，倒说"木头似的"。

王夫人待人以宽厚仁慈为主，很少责打丫鬟，屋里的大丫鬟金钏恋上了宝玉，彩云好上了贾环，甚至敢半明半暗地偷东西，可见平日里管束得松。

大儿子贾珠、大女儿元春，都很自觉，不需要母亲操心，所以王夫人也不大管儿女的事。通共宝玉一个儿子在跟前，十几号丫鬟，只知道袭人、麝月两个。亦舒说过："这世界上只有两种母亲，一种理得太多，一种什么也不理。"王夫人起初给我们的印象是第二种。

突然，一个午觉醒来，什么都变了。听见金钏在那边挑唆宝玉去拿环哥和彩云，从来不曾打过丫头的王夫人，一个巴掌就打得金钏半边脸火热，然后把她赶了出去。这一开张，王夫人从第二种母亲忽地转向第一种母亲，提拔袭人、痛审凤姐、抄检大观园、逐晴雯芳官四儿，连晴雯的身子也不放过，必要化了灰才甘心。

连说话的本事也大有长进，趁贾母高兴时，轻描淡写带出晴雯之事，且连消带打，将大观园整风运动说得似微风徐来、水波不兴一般。先给晴雯安了一个"女儿痨"的病，把撵她一事变成理所当然，对贾母的疑惑，她特意提出，"老太太挑中的人原不错"，充分肯定了领导的眼光，然后又说，"只怕她命里没造化""只是不大沉重"，避重就轻，把逼死晴雯一事轻轻带过。然后不落痕迹地以"沉重知大礼"隆重推出袭人。最后话头又转到贾政如何夸宝玉，分散贾母的注意力，使贾母更加喜悦，何等高超的谈话技巧！

若说王夫人过敏，其实也不见得。宝玉的风闻并不好，金钏与宝玉的几句调笑，就可以传为强奸不遂，灯姑娘成日听说宝玉在风月场中惯作工夫，见了面才知道不是这么回事。王夫人又极怕事，邢夫人送来个绣春囊，就能把她急得气色全变，大难临头状，又哭又叹地拿凤姐开刀，金钏这件事，只怕也是触动了她的某根神经，终于变得激烈起来。

那天王夫人的话是这样的："下作小娼妇，好好的爷们，都叫你教坏了。"后来骂晴雯："好好的宝玉，倘或叫这蹄子勾引坏了，那还了得。"骂四儿："难道我通共一个宝玉，就白放心凭你们勾引坏了不成！"总是一条，勾引宝玉。

再者，老太太真正从荣华富贵里来，处于上升期就比较宽容，什么大惊大险、千奇百怪的事都经过的，一句馋嘴猫儿似的打发过去了，王夫人的年代，家道已经渐渐衰落，越衰落就越没信心，越没信心就越紧张，越紧张就越衰落，怕得不得了，怕"好好的爷们"，都叫你们教坏了。

更重要的原因可能在于，她对赵姨娘永远的痛。王夫人的地位比赵姨娘高得多，可是，贾政似乎更宠爱赵姨娘，时常在赵姨娘处过夜，还生了一子一女。在王夫人眼里，贾政本是好的，被赵姨娘这样的"狐媚妖精"勾引坏了，夺去了贾政对她的爱。金钏的调笑、晴雯的姿态，让她不由自主想起赵姨娘来，想起那段伤心往事，真怒攻心，就一概贬为狐狸精了。

其实，这倒是有前奏，黛玉甫来，她就未雨绸缪，两番告诫了："不要睬他。"别招惹我的儿子。天底下婆婆对媳妇，大抵都有些这样的心态。黛玉惹得宝玉一会儿砸玉一会儿发癫，王夫人只怕心里只有"狐狸精"三个字定评，因此宝黛关系一日好上一日，王夫人对黛玉恐怕也一日不喜一日，捎带着恨上了晴雯。对王夫人来说，她已经失去了贾政的爱，失去了贾珠，元春进了宫，她不能再失去宝玉了。因此，贾政痛打宝玉时她也哭贾珠："若有你活着，便死一百个我也不管了。"

也因此，她喜欢的袭人、麝月，"这两个笨笨的倒好"，都有些周姨娘的影子。

▷ 无心的母子——薛姨妈、薛蟠

中国传统讲究严父慈母，薛姨妈就是慈母的范本。

宝钗小恙，宝玉到梨香院看望，薛姨妈"忙一把拉了他，抱入怀内"，笑说："这么冷天，我的儿，难为你想着来，快上炕来坐着罢。"又命人倒"滚滚的茶"来，看这份亲热劲，就像茶一样滚滚热乎。留下吃饭，宝玉想吃鹅掌、鸭信，立刻取了些来，宝玉得寸进尺，又要喝酒，薛姨妈便命人去灌了些上等的酒来，李嬷嬷要劝，三言两语打发："只管放心吃，便是老太太问，都有我呢！"

这般的宠惯溺爱，有自制力的宝钗自会贤良淑德，没自制力的薛蟠怎会不长成呆霸王？薛蟠被打，不分青红皂白，就要拿人，幸好是宝钗劝住了。没笼头的马，毕竟是自家养成的，怪不得薛蟠强抢了甄英莲，打死了冯渊，视为儿戏，带了母妹竟自起身，扬长而去。

放炮时搂着湘云，挪至潇湘馆照顾黛玉，唠叨香菱不会过日子，等等，无一处不见慈母的样子，感动得连黛玉都要认娘。慈姨妈爱语慰痴颦，说薛姨妈真心者有之，说薛姨妈笑里藏刀者有之。

其实薛姨妈哪有这么狡诈，要有，也容不下金桂放肆了。在贾府说说金玉良缘，宣传"金锁是个和尚给的，等日后有玉的方可结为婚姻"，想为女儿攀一门好亲事，一个慈母的本分而已，说到玩笑处，随口安慰下，但说过就忘，不再提起。以黛玉之敏感，都不认为这是假话，猜疑就有些牵强了，正如薛姨妈说："你是个多心的，有这样想。我就没这样心。"

薛蟠呢，就是娇生惯养儿女的范本。看母子两个一起伤心落泪地哭湘莲，不禁要感叹还真是母子相呢。

母子两个都是没什么心思的人，薛蟠更急，最见不得藏头露尾的事，"女儿乐""劳什骨子"，一语中的。送贾珍上好的木板，藕瓜唯宝玉配吃，言语颇有爽直可爱之处。

爽直过了头，就变成粗豪无心，好听点，很傻很天真。为了请宝玉，薛蟠竟让焙茗哄宝玉"老爷（贾政）叫你呢"，这是宝玉的紧箍咒，林妹妹在哭也顾不得了，只管换了衣服跑出来，怪不得宝玉知道后，直说要找薛姨妈告状。

这还没完，薛蟠又跟上一句赔罪的："好兄弟，我原为求你快些出来，就忘了忌讳这句话。改日你也哄我，说我的父亲就完了。"须知薛父已死，开这种玩笑要天打雷劈的，薛蟠毫不在意。

因为薛蟠说话不防头是出了名的，大家有事难免往他身上想。宝玉挨打，原因琪官一事，被以讹传讹，传成薛蟠下的药，茗烟传给袭人，袭人传给宝钗，连宝钗并薛姨妈都信了。

薛蟠本是个心直口快的人，一生见不得这样藏头露尾的事，早已急得乱跳，赌身发誓地分辩，情绪上来，竟要打死宝玉干净。

宝钗忙也上前劝，薛蟠因正在气头上，心里只有一个念头：怎么伤你伤得重怎么说，哪里管什么轻重："好妹妹，你不用和我闹，我早知道你的心了。从先妈和我说，你这金要拣有玉的才可正配，你留了心，见宝玉有那劳什骨子，你自然如今行动护着他。"

年轻的姑娘家，哪里当得这样的话？果然话未说了，把个宝钗气怔了，拉着薛姨妈哭道："妈妈你听，哥哥说的是什么话！"

宝钗虽哭，却怕母亲不安，少不得含泪别了母亲，到自己房里哭了一整夜。**黄色性格认为，哭是弱者的表现，自己偷偷哭，总比当着他人的面哭要强些。**

第三章 爱情游戏的规则

▷ 虽千万人吾往矣——贾珍

贾珍有个荒唐的老爸——贾敬，哥哥死得早，世袭的前程在身上，又去考进士，中了进士，后来老爸没了，又袭了武官，不知道该当文官还是武官，索性一甩手，把世袭的武官让给了儿子，自己也不做文官了，改"烧丹炼汞"，无意求官，有心听讲，一心要当神仙。

这就便宜了贾珍，袭了老爸三品威烈将军，并贾氏族长之位，也袭了老爸的荒唐，一味高乐不了，把宁国府竟翻了过来。

可卿是贾珍的儿媳妇，传闻两人有私情，焦大口中"爬灰的爬灰"，脂评所谓"天香楼事"，所谓"遗簪、更衣"。

可卿生病，贾珍焦急不堪，求医问药，比贾蓉还操心，冯紫英荐了名医，贾珍即刻差人拿了名帖去请。

可卿一死，把可卿"当自己的女孩儿"的婆婆尤氏告了病，"他敬我，我敬他，从来没有红过脸儿"的丈夫贾蓉像个木偶一样任人摆弄，只有公公贾珍真情流露，哭得泪人一般，恨不能代秦氏之死，过于悲哀，不大进饮食，生病到要拄拐杖的地步。可卿的两个丫鬟，瑞珠触柱而亡，代贾珍了却心事，以孙女之礼殡殓；宝珠甘心愿为义女，誓任摔丧驾灵之任，贾珍呼为小姐。丧礼上恣意奢华，不仅无意遮掩，而且公然宣称："如何料理，不过尽我所有罢了！"

"恨不能代秦氏之死""不过尽我所有罢了"，为父母则可，为媳妇则为逾礼，所以脂批下了恶考"如丧考妣"，就像死了父母一样。从现代的角度来看，贾珍率性而为，虽千万人吾往矣，颇有晋人风度，虽是不能明言的私情，却是有担待的男人。

如何"尽我所有"？"看板时，几副杉木板皆不中用"，薛蟠荐了一块，"我们木店里有一副板，叫作什么樯木，出在潢海铁网山上，作了棺材，万年不坏。这还是当年先父带来，原系义忠亲王老千岁要的，因他坏了事，就不曾拿去。现今还封在店里，也没人出价敢买。"只见"帮底皆厚八寸，纹若槟榔，味若檀麝，以手扣之，玎珰如金玉，是拿一千两银子来，只怕也没处买去。"亲王才用的板子，用给儿媳妇，真正是"尽我所有"，怪不得好事者考证出可卿的公主身份。

贾政劝道："此物恐非常人可享者，殓以上等杉木也就是了。"可贾珍并不在乎。这还不够，想起贾蓉不过是个黉门监，灵幡经榜上不好看，执事人数也不多，因此心下甚不自在，为"丧礼上风光些"，又花了一千二百两银子给贾蓉捐了个五品龙禁尉，这样，可卿成了五品恭人，待遇立刻提高，这丧礼上白漫漫人来人往，花簇簇官去官来，送殡时各色宾客、执事，一路摆到三四里远，路边彩棚高搭，设席张筵，和音奏乐，是自四郡王府以下各家路祭，如此，贾珍方心满意足。

一个宁国府的儿媳，五品捐官的夫人，用了这么贵重的板子，出殡这么大的场面，如此风光，竟不怕人非议？若是常人，便有私情，也不敢声张，贾珍并不考虑这些，把头埋进沙堆，管天刮风下雨，只要"尽我所有"。虽无前科，实有后科可考：尤三姐大闹花枝巷，贾珍得便就要溜；酸凤姐大闹宁国府，贾珍吩咐好生伺候，杀牲口备饭。自己备了马，躲往别处去了。将尤氏、贾蓉顶在杠头上，任凤姐搓圆搓扁。

▷ 花心好色——贾琏

比起宝玉，贾琏貌似寻常，放到一群公子哥儿里面，未必能找得出来。然而贾琏有不少特点：

不肯读书，喜欢言谈机变，却能帮着料理家务，应对俗务，送林妹妹探亲葬父，参与建造大观园，或去平安州公干。不像宝玉，既离不了家族的好处，坐吃山空，又厌恶仕途经济学问，不肯为家族出一点力。贾雨村讹了石呆子的扇子，贾琏那句"为这点子小事，弄得人坑家败业，也不算什么能为！"显出贾琏的善恶还算分明，不仅在贾赦之上，而且在凤姐之上。

一副热心肠，脸软心慈，棉花耳朵，搁不住人求两句，乳母求的也答应，贾芸求的也答应，就是行动慢，最终还要人家去走凤姐的门路。为三姐做媒倒起劲，只因新娶，正在热头上，又有二姐哭诉在前，觉得对二姐有责任，连带对她托付的家人之事亦有责任的缘故，因此满心奉承，一口承应，出了门又正好遇上湘莲，趁热打铁，十分热心。

贾琏主要的毛病还在花心好色，拈花惹草没掂三，和凤姐感情不错，本也和满，加上平儿，守着两个美人，还不忘找机会和多姑娘、鲍二家的偷情。做事又不牢靠，偷情就罢了，非要偷出事来，要不留下证据，要不就被撞破。

　　贾琏和多姑娘偷情后，被平儿找到一绺青丝，倒是好心瞒着凤姐，向贾琏笑问："这是什么？"贾琏着了忙，抢上来把平儿一把揪住，按在炕上，掰手要夺，口内笑道："小蹄子，你不趁早拿出来，我把你膀子橛折了。"这是红色性格情急之下发狠话，倒不似旧论说贾琏无情。后面贾琏有说"我忽略了，终久对出来，我替你报仇"，另有旧论以此论贾琏有情义，誓为二姐复仇，终究休了凤姐，其实这也不过是红色性格一时赌狠，正如宝玉叫着嚷着："箝诐奴之口，讨岂从宽？剖悍妇之心，忿犹未释！"你还以为他真的会做？果真日后休了凤姐，只怕也不是为这个。

　　平儿聪明，笑着说："你就是没良心的。我好意瞒着他来问，你倒赌狠！你只赌狠，等他回来我告诉他，看你怎么着。"

　　贾琏立刻服软，赔笑央求，趁着平儿不防，抢了过来，笑道："你拿着终是祸患，不如我烧了他完事了。"以贾琏性格，断乎不会烧，日后或许又被寻出来。

　　贾琏花心，凤姐是个醋缸醋瓮，管得严实，连平儿都不叫沾一沾，搞得贾琏怨气不小，视其为"夜叉星"。再者贾琏本就帮着料理些家务，颇有些名声，谁知凤姐太强，倒逼着贾琏退了一射之地，平日里每每受制于凤姐，贾蔷下姑苏采办、贾芹管和尚道士、贾芸监种花木工程等事，都是如此，贾琏难免有些失落。

　　这样一来，绿色的尤二姐把贾琏视为终身依靠，百依百顺，温柔无比，贾琏从中得到的满足不少，因此赶着喊奶奶，把所有的多年积蓄的体己私房钱一并交给二姐保管；还有模有样地做姐夫，先是要撮合三姐和贾珍，后又要撮合三姐和湘莲。

贾琏有个很大的特点，自己花心好色、偷鸡摸狗，也不曾嫌弃尤二姐的历史，只管安慰二姐："你且放心，我不是拈酸吃醋之辈。前事我已尽知，你也不必惊慌。"还许诺若是凤姐死了，就接她进去扶正。不像柳湘莲，自己眠花宿柳，还要别人必须清白得可以立牌坊。

▷ 怎赢得，"红楼"薄幸名——秦钟、潘又安、贾环

秦钟是宝玉肉欲的强化版，和宝玉弟兄朋友地乱叫，细细地算账，此系疑案，入了贾府，敢在老太太屋里，搂着智能儿不知做些什么，背着书包进了学堂，又不好好读书，只顾勾引同学。

可卿死后，贾珍恨不得代死，宝玉吐血，身为弟弟，秦钟完全没什么悲伤之意。一会儿调笑："你们两府里都是这牌，倘或别人私弄一个，支了银子跑了，怎样？"一会儿暗拉宝玉评二丫头："此卿大有意趣。"一会儿又和宝玉调戏智能儿，哄得智能儿公然私奔，不想被老爸发现，将智能儿逐出，老爸也气得一命呜呼。秦钟悔痛无及，病情日重一日，临终还记挂着智能儿尚无下落，算是有点良心。

司棋好上了姑舅兄弟潘又安，未必有潘安相貌，不过还很有些哄女孩子的花式，有情书，有信物同心如意香珠，哄得司棋跟他园中私会。不料月上柳梢头，人约黄昏后，却被鸳鸯撞破，司棋跑出来流泪跪求不要声张，这潘又安却只管躲在树后。好不容易爬出来了，只管磕头如捣蒜，哪里是个可以托付终身的？

再往后，居然自个儿一溜烟跑了，把司棋气个倒仰："纵是闹了出来，

也该死在一处。他自为是男人，先就走了，可见是个没情意的。"

　　湘莲虽不识人，三姐饮剑，出家以报；贾琏虽未尽保护之责，二姐金逝，贾琏"大哭不止"；贾珍、贾蓉父子当父丧之时，听得两个姨娘到来，立刻转笑，然而可卿死，贾珍如丧考妣，有情有义，贾蓉倒像个没事人，令人愤恨，然而红楼里的薄情寡恩，还以贾环为最。

　　彩云喜欢贾环，一心一意，连宝玉都爱答不理，可惜"我本将心向明月，奈何明月照沟渠"，若两不相合，倒也罢了，可恨在贾环一边常常与她在东小院子私会，一边却又完全不当回事。宝玉掩了茯苓霜，彩云本是为免得牵涉赵姨娘并贾环才答应，但贾环反疑心彩云和宝玉要好，把彩云私赠之物都拿了出来，照着彩云的脸摔了去，全不念一日夫妻百日恩。

　　彩霞被霸成亲，赵姨娘挑唆贾环去讨彩霞，贾环也是无动于衷，一则"羞口难开，二则也不大甚在意，不过是个丫头，他去了，将来自然还有，遂迁延住不说，意思便丢开。"刘备公然声称，妻子如衣服，贾环心里，只怕彩霞连件衣服也不如，倒是赵姨娘去求贾政。

▷ 宁为玉碎，不为瓦全——鸳鸯（红＋黄）

　　鸳鸯是老太太的左膀右臂，老太太打牌是鸳鸯代洗牌，老太太行令是鸳鸯提着，老太太穿的戴的用的，都是鸳鸯记得，一来知道何时该添，免得临时乱了手脚；二来免了被人诓骗之苦，离了鸳鸯，老太太连饭也吃不下去。自邢夫人、王夫人往下，没人敢驳老太太的回，连凤姐也只敢凑趣，以驳回为名、行马屁之实，只有鸳鸯敢驳回老太太。

因此，鸳鸯成为红楼丫鬟中职权最高的一个，三宣牙牌令，何等威风！那一句"酒令大如军令，不论尊卑，惟我是主。违了我的话，是要受罚的"，虽是玩笑，也透出鸳鸯的气势来。

她还敢跟主子奶奶们开玩笑，甚至敢叫凤姐"凤丫头"，赶着凤姐要往脸上抹蟹黄。螃蟹宴上，主子们玩牌，凤姐输了不给钱，鸳鸯作势"恼了"不洗牌："二奶奶不给钱。"鸳鸯往贾琏屋里，贾琏回来，反煞住脚赔笑赶着叫姐姐："鸳鸯姐姐，今儿贵脚踏贱地。"鸳鸯却只坐着并不施礼。

鸳鸯平日里喜欢开玩笑，与凤姐商量作弄刘姥姥，李纨笑着劝她们别淘气，仔细老太太说，鸳鸯笑着回："很不与你相干，有我呢。"要给平儿送吃的，凤姐道："他早吃了饭了，不用给他。"鸳鸯道："他不吃了，喂你们的猫。"当着主子，什么口气！拿着棒槌就当针，得点宠，就掂不清自己的分量，轻狂可比晴雯，忘了奴才的本分，所以，凤姐看似与她亲热，心中也暗想"鸳鸯素习是个可恶的"。

大体上，鸳鸯职权虽高，只语言轻佻些，从不依势欺人，还常替人说好话儿，邢夫人给凤姐没脸，还是鸳鸯看出来，在贾母跟前回明缘故；撞破司棋的私情，并不泄露，等于救了司棋一命，自己反向司棋发誓："我告诉一个人，立刻现死现报！"拿着老太太的东西借给贾琏，虽然回过老太太，但也是冒着风险和名誉，可谓有勇有谋，微露些喜欢贾琏的味道。

最见鸳鸯勇谋，是鸳鸯女誓绝鸳鸯偶。剑不出鞘，一出惊人。

长得好自然招人喜欢，然而也是"双刃剑"，如鸳鸯、晴雯，美貌竟成了祸之源。大老爷贾赦看中了鸳鸯的美貌，要娶来做妾，邢夫人来做说客，先着实把鸳鸯夸了一番，"模样儿，行事作人，温柔可靠，一概是齐全的"，然后许诺进门就开脸封姨娘，做半个主子，又体面又尊贵，再放眼展望未来，"过一年半载，生下个一男半女，你就和我并肩了"，又指出错过这个村，就没了这个店："不过配上个小子，还是奴才。"左看右看没有不答应的道理。

可惜鸳鸯死也不说话，任你天花乱坠，我自岿然不动，响快人积粘，只为非心所愿，碍着大太太的面子，又不好反驳。按鸳鸯的想法，"别说大老爷要我做小老婆，就是太太这会子死了，他三媒六聘的婆我去做大老婆，我也不能去。"誓死不嫁，只为不爱大老爷，连大老婆也是不做的，实非反抗一夫一妻多妾制，也许见到喜欢的，做小也情愿。

这时鸳鸯的嫂子得了信，也来做说客，还没说上两句，鸳鸯破口大骂："怪道成日家羡慕人家女儿做了小老婆了，一家子都仗着他横行霸道的，一家子都成了小老婆了！看的眼热了，也把我送在火坑里去。我若得脸呢，你们外头横行霸道，自己就封自己是舅爷了。我若不得脸败了时，你们把忘八脖子一缩，生死由我。"这一骂，颇有祢衡裸衣骂曹的气势，她嫂子哪里当得住，自觉没趣，赌气去了。

贾赦软的不行来硬的，派人传话一再催逼："叫他细想，凭他嫁到谁家去，也难出我的手心。除非他死了，或是终身不嫁男人，我就伏了他！"

好鸳鸯，这时并不再闹，和嫂子两人来见老太太，可巧王夫人、薛姨妈、李纨、凤姐、宝钗等姊妹并外头的几个执事有头脸的媳妇，都在贾母跟前凑趣儿。鸳鸯"喜之不尽"！喜之不尽，在于鸳鸯意在闹开，唯有闹开，才能绝了大老爷的念头，正如尤三姐破着没脸，大闹了花枝巷，绝了贾珍的念想，才得以自拣一个素日称心如意的人去嫁。

当着众人，鸳鸯拉了她嫂子，到老太太跟前跪下，一行哭，一行说，把邢夫人怎么来说、园子里她嫂子又如何说、今儿她哥哥又如何说——哭诉，气得老太太浑身乱战，把邢夫人骂了一通，歇了贾赦强娶之心。

当着众人的面给主子难堪，大约老太太心里也忌讳，气得浑身乱战，为的是贾赦要了鸳鸯自己吃不下饭："我通共剩了这么一个可靠的人，他们还要来算计！"不能容忍的，是贾赦的背后算计，并没有要给鸳鸯做主的意思，否则，怎么不由她选个爱的或是贾琏嫁了？

鸳鸯、平儿等几个，品貌双全，是罕见的好女儿家。如在寻常人家，很可能被埋没，而落在贾府，一时体面，也是烟花一瞬。祸兮？福兮？很难说。虽不知鸳鸯最终命运如何，还是为她一叹！

▷ 潘多拉的希望——金钏

金钏调皮，只怕不在芳官之下，周瑞家的来梨香院找王夫人，金钏顾在院门前和香菱玩耍，虽知道有话回，只向内努努嘴。宝玉到王夫人房里见贾政，门口众丫鬟站着，只有金钏一把拉住宝玉，悄悄地调笑："我这嘴上是才擦的香浸胭脂，你这会子可吃不吃了？"吃金钏的胭脂，定非第一遭。

王夫人正在房内凉榻上午睡，金钏坐在旁边捶腿，乜斜着眼乱恍。宝玉轻轻地走到跟前，把金钏的耳坠子一摘，金钏睁开眼，见是宝玉，抿嘴一笑，摆手令他出去，仍合上眼。

宝玉有些恋恋不舍，见王夫人合着眼，便把荷包里的香雪润津丹掏了出来，便向金钏口里一送，金钏见惯不惊，并不睁眼，只管嚼了。

摘耳坠子、嚼香雪润津丹，可见两人关系非比寻常。

宝玉又拉着金钏说要讨她到房里。金钏把宝玉一推，笑道："你忙什么！'金簪子掉在井里头，有你的只是有你的'，连这句话语难道也不明白？我倒告诉你个巧宗儿，你往东小院子里拿环哥儿同彩云去。"

王夫人翻身起来，照金钏脸上打了个嘴巴子，指着骂"下作小娼妇，好好的爷们，都叫你教坏了"，撵了出去。

"金簪子掉在井里头，有你的只是有你的"，是金钏心悦意肯，称不上"下作"；按老太太的标准，"年轻，馋嘴猫儿似的，那里保得住不这么着。从小儿世人都打这么过的"，环哥儿和彩云也称不上"下作"，再说，贾环、彩云在王夫人眼皮底下晃来晃去的，王夫人倒不曾管了，可见不算什么大不了的。

指使宝玉"往东小院子里拿环哥儿同彩云去"，挑唆一个主子去"拿"另一个主子，这件事才是王夫人心中最"下作"的事，平生最恨。

宝玉先摘人家的耳坠子，再喂人家吃香雪润津丹，最后又说要把人家讨过来，如此勾引金钏，等到金钏被逐，宝玉竟无一言，一溜烟遁去，本来漫天玩笑"等太太醒了我就讨"，却变成等太太醒了我就溜，事后也不曾前往探望，令人齿寒。

阮咸和姑母家的鲜卑婢女有染，姑母要回家，阮咸听说后，借客人的驴，穿着孝服把人追了回来，这才是有情有义。

没料想金钏出去两日，便"含羞赌气"投井自尽。以金钏之心，撵了出来，名声不好，让她不能见人，羞愧难当，终致跳井。更暴烈的晴雯宣称"我一头碰死了也不出这门儿"。

更有一种可能，金钏不独因自己羞愧，而是因对宝玉的失望，宝玉一无辩解，二无探视，因此跳井，那一溜烟地遁去，才是真正伤了她的心。金钏不甘心，因此死了还要向宝玉哭诉为他投井之情。三姐饮剑，与同此理，然而三姐更明白："前生误被情惑，今既耻情而觉，与君两无干涉。"杜十娘怒沉百宝箱，为的也是李甲的无情无义，若是美狄亚，不杀个天昏地暗怎肯罢休？

悲哀啊，两人一同打开潘多拉的盒子，不但种种恶果全部扔给金钏独自承受，连内心深处那一点儿念想也让宝玉毫不留情地拿走了。只能说，**如赤子般的男子，伤起人来更厉害，因为他不但不计后果，而且根本不知道后果的严重性。**

第四章 其他红色人物

▷ 自己不尊重，怪谁——贾环

宝玉没大没小，甘愿为丫鬟执役，虽不尊重，尚属风雅，求之于史，在皇宫里摆地摊自充市场管理员的南齐皇帝萧宝卷相去不远。赵姨娘和芳官厮打，"副小姐"司棋勇闹厨房，未论胜负，先输了身段，而贾环更是自贬身份于丫鬟一流。

贾环掷骰子赌钱，输了一两百开始耍赖，伸手抓起骰子来，说是六点自己赢了，莺儿自然看不上这种行为："一个作爷的，还赖我们这几个钱。连我也不放在眼里。前儿和宝玉玩，他输了那些，也没着急。下剩的钱，还是几个小丫头子们一抢，他一笑就罢了。"

贾环身为主子，一月只得二两，一两银子就是一千二百到一千五百文左右，估摸赵姨娘还得抠下一半来，好不容易借了上学的名义，一年另有八两银子的纸笔点心费，又被探春砍了。

而他的兄弟宝玉，开口赏人就是"每人一吊钱"，一吊钱是一千文，贾政的几个小厮居然还不乐意："谁没见那一吊钱！"请医生麝月不识戥子，"宁可多些好，别少了，叫那穷小子笑话"，多给了两把银子，直接送给婆子："多了些你拿了去罢。"而园中下人聚众赌博，竟有三十吊、五十吊、三百吊的大输赢。

经济基础决定社会地位，宝玉的小跟班茗烟就嘲笑过给凤姐跪着借当头的璜大奶奶。众小厮看不上一吊钱，麝月看不上一两银子，莺儿是皇商薛家的丫鬟，更看不上这一两百钱，自然也就跟着看不上贾环。

贾环道："我拿什么比宝玉呢！你们怕他，都和他好，都欺负我不是太太养的。"贾环是赵姨娘所生所养，直接导致其身份、地位不高，母亲的教育和挑唆，也造成贾环个性不好，有其母必有其子。偏生长得又猥琐，举止荒疏，文学水平不高，猜谜语猜不中，写个谜语又被打回来，凡此种种，都是贾环不被尊重的原因之一。势利的丫头们不尊重他，渐渐地使他不知自重，也是另一方面的原因。

人要找理由，一定会有的，贾环怎么也没搞明白，要别人尊重你，先要自己尊重自己。除了身份、长相、才能和银子，最重要的却是自己"不自重"，赌钱耍赖之外，居然还问丫鬟讨东西。

蕊官所赠，芳官自不肯与别人，用茉莉粉替去蔷薇硝出来，贾环见了就伸手来接。芳官便忙向炕上一掷。贾环只得向炕上拾了，揣在怀内，方作辞而去。芳官敢往炕上扔，贾环竟往炕上拾，奴才不把主子当主子，而主子也不曾把自己当主子。同样不是太太养的，谁敢看轻三姑娘？不等探春言语，好事的下人们早将人捆起来等着发落了，连挨巴掌的资格恐也不够。

这种不尊重，慢慢地又转化为自卑，表现为自尊。宝玉、贾环、贾兰给贾赦请安，邢夫人拉着宝玉炕上坐，只叫环、兰椅子上坐，且对宝玉百般摩挲抚弄，贾环当下就受不了，使眼色儿拉着贾兰告辞。

在王夫人屋里，宝玉拉着彩霞说笑打闹，彩霞不理，贾环故作失手，把那一盏油汪汪的蜡灯向宝玉脸上只一推，幸而没事。后来宝玉承应了茯苓霜，贾环疑心彩云和宝玉要好，把彩云私赠之物都拿了出来，照着彩云的脸摔了去，全不念一日夫妻百日恩。

▷ 狐假虎威，陪房列传——周瑞家的、王善保家的

俗话说"宰相门人七品官"，刘姥姥初到荣府，几个门子·爱答不理，还故意使绊子，竟是故套规矩。门子尚且如此，何况陪房，王夫人陪房周瑞家的、邢夫人陪房王善保家的，都自恃高人一等。

刘姥姥初进荣国府，头一个见的就是周瑞家的，分明是投亲靠友打秋风来，见不得真佛，须先从小鬼拜起。一来周瑞家的念旧，当年周瑞争买田地，多得助力，今见刘姥姥来，心中难却其意；二来也要显弄显弄自己的体面，还没汇报就敢答应，对内自恃有宠，对外显摆身份。接下来又指点时机"这一下来他吃饭是一个空子"，又帮着说话"当日太太是常会的"，又传王夫人的话"也不可简慢了"，帮刘姥姥搞到了二十两银子，足够全家一年的开销。

尤氏要大观园的婆子去传人，婆子借口只管看屋子不愿意去，嘴里还露出对宁府的不屑来："各家门，另家户，你有本事，排场你们那边人去。我们这边，你们还早些呢！"尤氏动了气，众人劝住，毕竟尤氏是好担待的，倒也算了。

皇帝不急太监急，这本不是什么大事，何况老太太千秋，该省点事才

是，可巧周瑞家的听见，素日喜欢各处殷勤讨好，听风就是雨，忙得便飞跑入怡红院来，到尤氏跟前又献殷勤又显体面："奶奶不要生气，等过了事，我告诉管事的打他个臭死。只问他们，谁叫他们说'各家门各家户'的话！我已经叫他们吹了灯，关上正门和角门子。"

周瑞家的一时得便出去，便把方才的事回了凤姐，趁机调唆："这两个婆子就是管家奶奶，时常我们和他说话，都似狠虫一般。奶奶若不戒饬，大奶奶脸上过不去。"得了凤姐的主意，出来便传人立刻捆起这两个婆子来，交到马圈里派人看守。

陪房因为娘家的身份，容易得到信任，陪房们也很乐意运用这样的信任，报复自己平素不要好的人。周瑞家的调唆凤姐捆了两个看屋的婆子，费婆子调唆邢夫人生了嫌隙。

王善保家的本是邢夫人的陪房，被派来送个香囊，得了王夫人一句"照管照管"的客套话，正撞在心坎上，开始说副小姐们的坏话。副小姐的权力来自小姐，陪房的权力来自太太奶奶，小姐出嫁就成了奶奶，再升级就是太太，副小姐们陪着出嫁不是当姨娘就是做陪房，陪房的女儿也有机会选上副小姐，照理应该相互理解才是，然而鱼眼睛似的陪房们最看不惯的偏偏就是珠子似的副小姐们，大有副小姐们夺走了她们的青春年华之状："太太也不大往园里去，这些女孩子们一个个倒象受了封诰似的。他们就成了千金小姐了。闹下天来，谁敢哼一声儿。不然，就调唆姑娘的丫头们，说欺负了姑娘们了，谁还耽得起。"

不过王夫人也知道跟姑娘的丫头原该比别的娇贵些，王善保家的攻不了面，就开始指着一个点打围："别的都还罢了。太太不知道，一个宝玉屋里的晴雯，那丫头仗着他生的模样儿比别人标致些，又生了一张巧嘴，天天打扮的像个西施的样子，在人跟前能说惯道，掐尖要强。一句话不投机，他就立起两个骚眼睛来骂人，妖妖趫趫，大不成个体统。"

又出了夜抄大观园的主意，战术是好战术，也不可强求一个陪房懂得什么战略，王善保家的心里，只愿借了王夫人的虎威，显摆显摆自己的身份，兼拿些素日里不要好的丫头们的把柄，要这些丫鬟常常趋奉趋奉她。

只可惜生不逢时，自己得罪人又多，三受其辱。

先在宝玉房中，晴雯本就心里有气，知道王善保家的日里给自己下了药，仇人相见分外眼红，指着鼻子骂王善保家的："你说你是太太打发来的，我还是老太太打发来的呢！太太那边的人我也都见过，就只没有看见你这么个有头有脸大管事的奶奶！"

随后是在探春房内，自恃是邢夫人陪房，当众作势要翻探春的衣服，探春是最在意身份、地位的人，岂能容忍？一个巴掌过去。

三是在迎春房内，本来无事，但王夫人的陪房周瑞家的看不惯王善保家的得意忘形，又不满于王善保家的区别对待，没仔细搜自己的外孙女儿司棋，自行再搜，竟搜出司棋和潘又安的私情来。王善保家的一心只要拿人的错儿，不想反拿住了自家人，又气又臊，气无处泄，便自己回手打着自己的脸，骂道："老不死的娼妇，怎么造下孽了！说嘴打嘴，现世现报在人眼里。"

▷ 有文化的焦大，会不会成为屈原——焦大

《诗经》颂后妃之德，怀念情人就是怀念君上，这是中国的传统。鲁迅先生尤其喜欢文以载道，把每个人都弄得很沉重，连阿Q都大有其深意。他看《红楼梦》，代入感很强，没心没肺的宝玉，却被指出他快乐的表面下有一颗悲凉的心，"悲凉之雾，遍被华林，然呼吸而领会之者，独宝玉而已"，太牵强了。其实以宝玉之尊，穿绫锦纱罗，饮美酒、食羊羔，金冠绣服，骄婢侈童，何来领会"悲凉之雾"？即使他会男儿悲，注意力一会儿就转移，能坚持多久？"呼吸而领会之者"，是鲁夫子自谓。一会儿又把焦大比作"贾府的屈原"，而且下了定论"贾府上的焦大，也不爱林妹妹的"，迅哥儿借他人酒杯，浇自家块垒。

饥区的灾民，会不会去种兰花，贾府上的焦大，是不是会爱上林妹妹，一时并无头绪，无从下手，闲来说说焦大和屈原。

赖嬷嬷、焦大同为服侍过长辈的奴仆，焦大功劳还大过赖嬷嬷，"跟着太爷们出过三四回兵，从死人堆里把太爷背了出来，得了命；自己挨着饿，却偷了东西来给主子吃；两日没得水，得了半碗水，给主子吃，他自喝马溺"，太爷，不是贾演就是贾代化，宁府的第一、二代主子，可见焦大是开府的头等大功臣。

然而，有如此功劳的焦大晚上还被差遣去送人，而赖嬷嬷见了贾母，却有个小杌子坐，身份尤在尤氏、凤姐之上。儿子赖大是荣府总管，贾蓉赶着叫"赖爷爷"，孙子赖尚荣捐了州官，不仅品级与正根正苗的贾琏、贾蓉相

若，居然还选了出来，委了实职。

莫道高鸟尽，良弓藏；狡兔死，走狗烹，贾府风俗"年高服侍过父母的家人，比年轻的主子还有体面"。

赖嬷嬷永远知道"奴才"两个字怎么写，开口主子恩典，闭口奴才秧子。把娇俏可人、不忘旧的晴雯送给了老太太，埋下伏笔；凤姐生日，出人出力凑趣儿；宝琴入了老太太的眼，早把蜡梅水仙送来奉承。

焦大呢，性格不好，仗着功劳情分，不顾体面，一味地吃酒，一吃醉了，不分地点场合，无人不骂，开口焦大太爷，闭口杂种王八羔子们，因此连贾珍都不理他，年纪大了，还是普普通通的下人一个。这不，又开骂了：从赖二骂到贾蓉，最后把贾珍一起骂了起来，"爬灰的爬灰"，正见凤姐与宝玉携手同行，顺带也骂上"养小叔子的养小叔子"。

骂赖二派事不公道、瞎充管家，骂蓉哥儿在他面前使主子性、摆主子谱，骂到"红刀子进去白刀子出来"，这等骂法，假使能做文章，恐怕也是个"文死谏"的，"只顾邀名，猛拼一死"，不能如屈原一般作《离骚》的。

庙堂之上，犯容直谏者世恒有之，比干之后，缕缕不绝，而以东汉太学生、明世群臣为最。喝骂君主，想来也只能在史书上略书一笔，不能细写。《封神演义》中的商容，庶几近之。商容进谏，纣王不听，还要拿下金瓜击死。商容在九间殿上大喝："谁敢拿我！我乃三世之肱股，托孤之大臣。"（"你也不想想，焦大太爷跷起一只脚，比你的头还高呢。二十年头里的焦大太爷眼里有谁？别说你们这把子的杂种王八羔子！"）

"昏君！你心迷酒色，荒乱国政；独不思先王，克勤克俭，聿修厥德，乃受天明命。今昏君不敬上天，弃厥先王宗社，谓恶不足谓，为敬不足为，异日身丧国亡，有辱先王。且皇后乃元配，天下国母，未闻有失德；昵此妲己，惨刑毒死，夫纲已失。殿下无辜、信谗杀戮。今风刮无踪，阻忠杀谏，炮烙良臣，君道全亏。眼见祸乱将兴，灾异叠见，不久宗庙邱墟，社稷易主。可惜先王栉风沐雨，道为子孙万世之基，金汤锦绣之天下，被你这昏君断送了个干干净净；你死于九泉之下，将何颜见你之先王哉？"（"那里承望到如今生下这些畜牲来！每日家偷狗戏鸡，爬灰的爬灰，养小叔子的养小叔子。"）

"吾不怕死！帝乙先君老臣，今日有负社稷，不能匡救于君，实愧见先王耳！你这昏君！天下只在数年之间，一旦失与他人。"（"我要往祠堂里哭太爷去。"）

蓝色的屈原不会在庙堂之上高声喝骂，他只会在既放之后，披发行吟，"竭知尽忠，而蔽障于谗。心烦虑乱，不知所从"，自言自语"黄钟毁弃，瓦缶雷鸣；谗人高张，贤士无名"，这已是屈原的痛骂了。屈原的愤怒，以委婉见长，"扈江离与辟芷兮，纫秋兰以为佩"，用香草比喻自己；"众女嫉余之蛾眉兮，谣诼谓余以善淫"，用妒妇比喻奸佞之臣。这种香草美人的法子，绵延后世，成为中国文化的一部分。对照之下，焦大哪里是屈原，分明是商容！

▷ 泼皮考——倪二（红＋黄）、璜大奶奶

贾芸受了卜世仁的气，"赌气离了母舅家门，一径回归旧路，心下正自烦恼，一边想，一边低头只管走"，不想一头撞上了醉酒的泼皮倪二。

杨志汴京城卖刀时杀过的牛二，鲁智深在大相国寺的菜园里整过的张三、李四，都是泼皮。

> 这"泼"字，泼辣、撒泼、泼野，闻得出红色的味道。寻常大家说泼妇，凤姐泼醋，大闹宁府、金桂海骂，近于泼；而凤姐棒打误卯，金桂隔着窗子和婆婆薛姨妈拌嘴，近于悍。

璜大奶奶的侄儿金荣在贾府家学里和宝玉、秦钟起了冲突，不得已磕头认错，本不过是小孩子口角，这璜大奶奶怒从心上起，恶向胆边生，竟要找尤氏、可卿评理。

> 若是黄色性格，只怕撕破了脸，要和尤氏、可卿大闹一场也未可知。然而一来红色气来得快，消得也快；二来红色其实怕事；三来吃人嘴短，拿人手软，见了尤氏，脸上虽还有点着恼的气色，依旧殷殷勤勤叙过寒温，说了些闲话。本来口里叫着喊着要找"秦钟他姐姐"评理，人还没见，已改口"蓉大奶奶"。

等听说秦可卿病了，兼为秦钟在学里吵闹生气，璜大奶奶气色渐渐地平定，方才在他嫂子家的那一团要向秦氏理论的盛气，早吓得丢到爪哇国去

了，哪里还敢提前事?

这是泼，但无皮。

"皮"，大意就是宗吾先生所谓的"脸厚"，是黄色的绝招。中国最有名的泼皮是刘邦，是个大黄色。元朝的睢景臣在《高祖还乡》中描写得极恰："你本身做亭长耽几杯酒，你丈人教村学读几卷书；曾在俺庄东住，也曾与我喂牛切草，拽耙扶锄。春采了桑，冬借了俺粟，零支了米麦无重数。换田契强秤了麻三秆，还酒债偷量了豆几斛，有甚糊突处，明标着册历，见放着文书。少我的钱，差发内旋拨还，欠我的粟，税粮中私准除。"

合"泼皮"二字，就是"红""黄"二字，"泼皮破落户儿"凤姐是黄+红，倪二是红+黄。

倪二被撞，正要打人，见是熟人，便罢了手："原来是贾二爷，我该死，我该死。这会子往那里去?"

贾芸并不喜欢翻苦水："告诉不得你，平白的又讨了个没趣儿。"

倪二却偏要知道："不妨不妨，有什么不平的事，告诉我，替你出气。这三街六巷，凭他是谁，有人得罪了我醉金刚倪二的街坊，管叫他人离家散!"

仗义每多屠狗辈，朱亥如此，倪二也如此，后日里刘姥姥也如此，这一回题为"醉金刚轻财尚义侠"，脂评说"倪二、紫英、湘莲、玉菡四样侠文皆得传真写照之笔"，细细读来，只湘莲救薛蟠有些侠气，竟不知紫英、玉菡侠在何处。

贾芸把前事一说，倪二立刻动了侠义心肠，一包银子，十五两三钱有零，竟数付与，不要利钱，不立文契，不需日限，一则显得贾芸身份，因此见面时叫贾二爷，金盆虽破分量在，信得过。二则显得倪二身份，市井之徒，重利债主，知道义、利之辨，知道既"相与交结"，就不可放账给他，使他的利钱。司马迁云"其言必信，其行必果，已诺必诚，不爱其躯，赴士之阸困"，信矣。

第四篇

宝玉的爱情观

▷ 你究竟有几个好妹妹

薛蟠天生是吃着碗里望着锅里的得陇望蜀型，和薛姨妈打了一年来的饥荒，才把香菱做成了妾，过了没半月，也看得马棚风一般了；娶了金桂，忘了香菱，眼睛却又瞧着宝蟾。纵使要一个天仙来，也不过三夜五夕。秦钟馒头庵会智能儿的路上还不忘调笑二丫头。贾琏守着凤姐、平儿两个美人，又和多姑娘、鲍二家的偷情；偷娶了尤二姐，把凤姐扔在一边，直以奶奶称之；有了秋桐，如胶似漆的，放二姐身上的心也渐渐淡了。

这样的角色，金庸、古龙的书里满世界都是，且不说楚留香、陆小凤，也不说韦小宝、段正淳，连一代痴情种子杨过也是如此，才狂吻了完颜萍，又给"媳妇儿"陆无双解衣接骨，见了郭芙嫣然一笑，玫瑰花儿似的明媚娇艳，心头不觉鹿撞。

鸳鸯说"见一个爱一个"，紫鹃说"贪多嚼不烂"，都是直击红色本心。但薛蟠、贾琏和宝玉一比，那是小红见了大红。贾宝玉外号很多，想来宝玉最乐意的，便是做个"绛洞花王（主）"。警幻推宝玉为"意淫"的"天下古今第一淫人"，据说情榜定评宝玉"情不情"，并解释说"凡世间之无知无识，彼俱有一痴情去体贴"。

恨得牙痒的风筝因为是美人风筝，免遭宝二爷"一顿脚跺个稀烂"；热闹场中，还想起书房里的美人，恐她寂寞，要去望慰望慰。

对画上的美人尚且如此，一切美少女、美少妇、美少年，都成了宝玉"意淫"的对象，自己淋了雨只管叫别人快避雨，自己烫了手倒问别人疼不疼，平儿理妆、香菱解裙，为二尤挡人、为彩云瞒赃，更远些，遐思傅秋芳、怅然二丫头、想念穿红的袭人两姨妹子、寻找雪夜抽柴的茗玉小姐，倒有些阮籍哭兵家女的意思。

不过，若以为宝玉有阮籍醉眠垆妇侧这样的风姿，那就错了。碧痕打发他洗澡，水漫上了席子，与袭人初试，为麝月篦头，都有性爱的事实或痕迹，是为"皮肤淫滥"，邀晴雯共浴，才为晴雯所讥。不单是怡红院的丫鬟，祖母房中的鸳鸯，看见人家脖项白腻，香气满鼻，公然讨吃人家嘴上的胭脂，在母亲房中调戏金钏："我明日和太太讨你，咱们在一处罢。"

表姐妹中，对林妹妹是睡里梦里也忘不了；看见宝姐姐雪白一段酥臂，就不觉动了羡慕之心，若不是宝姐姐平素里行止端严，只怕就想摸一摸；云妹妹是个邻家小妹，也有人看出怡红夜宴的疑案；在侄媳妇可卿房里睡了午觉，梦见了仙子妹妹也唤作可卿。

按照米兰·昆德拉的说法，好色之徒有两种类型：

一种是抒情型，即在所有男（女）人身上寻求一个男（女）人，总是追逐同一类型的男（女）人，譬如从梁朝伟到《越狱》中的Michael Scofield之类的忧郁派。

另一种是叙事型，对客观世界的种种男（女）性，从沧桑型的高仓健到温和款的小马哥，从狂野的姜文到阳光的花样男，各类老少姿色不同者都感兴趣。

而宝玉是典型的叙事型，一切美少女、美少妇、美少年都会令他动心，端庄的宝钗、傲气的黛玉、活泼的湘云、贤惠的袭人、率直的晴雯都在喜欢之列，就体形而言，宝钗胖似杨妃，黛玉瘦比飞燕，湘云带点男孩子气，各尽其美。

段正淳花心，同时爱上四五个女人，纵然偷香窃玉，一晌贪欢，但个个都是心肝宝贝，对每位都是一片至诚，代任何一个女孩去死他都愿意，并无虚情假意其中。宝玉面对每一个时，也一般真心实意，为金钏死了也是情愿等语，用到黛、钗、湘、妙、袭、晴、麝诸人身上，只怕都适用。

段王爷和宝二爷都天真地以为，他可以周旋其间，个个讨好，事事操心，鱼与熊掌兼得。遇上尤二姐，或者还能实现左拥右抱，遇上芸娘，还愿为夫选妾。

可惜人生不如意事十之八九，大观园的姐妹们没这般好处，讨好了这个，就得罪了那个。费尽心力，结果往往两边不讨好。篦个头，挨冷嘲热讽；倒杯茶，引来白眼奚落；同宝钗、湘云玩，林妹妹要耍小性子；赞了林妹妹，云妹妹又要发脾气，想调停，却又落得两头不是，这里湘云指着鼻子骂，那边又吃黛玉的闭门羹。终于是烦恼了、伤心了，叫着喊着要"焚花散麝""戕宝钗之仙姿，灰黛玉之灵窍"以求心安，哭着说着："叫我怎么样才好！"事情过去了，又开始兴高采烈地挑这个逗那个。

▷ 东食西宿是红色的毕生梦想

齐国有个女孩有两家求亲，东家富但儿子长得丑，西家穷但儿子很英俊。她父母问她选哪家，她说："欲东家食，西家宿。"白天伴款爷逛街，晚上与帅哥睡觉，两不耽误。

《布达佩斯之恋》中，餐厅老板拉西罗对周旋于他和忧郁钢琴师安德拉许之间的伊洛娜有一句画龙点睛的评价：

"每个人其实都想一箭双雕，一是肉体，一是性灵，能填饱肚子和能饿坏肚子的。"

《红楼梦》里，这叫作"兼美"。

宝玉清楚地知道自己是喜欢林妹妹的，"除了老太太、老爷、太太这三个人，第四个就是妹妹了。要有第五个人，我也说个誓。"黛玉也"很知道你心里有妹妹"，怕的是你见了"姐姐"，就把"妹妹"忘了。

实际上，宝玉见了宝姐姐，倒是想起妹妹来了：

宝钗原生的肌肤丰泽，容易褪不下来。宝玉在旁边看着雪白一段酥臂，不觉动了羡慕之心，暗暗想道："这个膀子要长在林妹妹身上，或者还得摸一摸，偏生在他身上。"正是恨没福得摸，忽然想起"金玉"一事来，再看看宝钗形容，只见脸若银盆，眼似水杏，唇不点而红，眉不画而翠，比黛玉另具一种妩媚风流，不觉就呆了，宝钗褪下串子来递与他，也忘了接。

爱上姐姐，更能勾起情欲的荷尔蒙；恋上妹妹，精神恋爱的气息更重些。林妹妹的灵窍固是倾心，宝姐姐的仙姿亦足仰慕，还挂念着众姐妹的眼泪。红色往往天真地以为，他可以自得其乐地周旋于各色美女之间，"以无厚入有间，恢恢乎其于游刃必有余地矣"。看见宝姐姐，就想起林妹妹，宝姐姐的肉体嫁接林妹妹的性灵，那该多么完美啊！

那个"鲜艳妩媚，有似乎宝钗，风流袅娜，则又如黛玉"的可卿仙子，透露出一点消息。**红色喜欢做梦，总以为梦就是事实**。如果时间停止，才是最合意的，可惜清晨的闹钟难免要响，夜叉总要抓人下迷津，梨香院内贾蔷、龄官一出别样的宝黛恋，打碎了宝玉的梦，自此深悟人生情缘，各有分定。

遗憾的是，清楚他们的最爱是谁，知道了各有分定，不等于他们就会为了最爱放弃森林，他们无法控制自己的激情，所以有平儿理妆、香菱解裙。

▷ 爱的无限变级差等

蓝色只有爱情，或者友情，红色却可以根据直觉从真爱到纯友谊分出无数类型来，比如袭人是侍妾和姐姐，晴雯是纯恋，碧痕是性爱，怜爱五儿，疼惜芳官，等等。

不仅分类型，还有三六九等，女儿和男人、女人有差，所以有珠子鱼眼之论；袭人与小丫头有差，所以错踢袭人，错不在踢，错在踢了袭人；袭人与众姐妹有差，所以单提穿红的两姨妹子；袭、晴有别，所以为袭撵晴。

袭人被踢，晴雯补裘，宝玉服侍来服侍去，又是斟茶又是倒水，五更天才鱼肚白，就急得认为天已大亮，顾不得梳洗，穿衣叫快传大夫。宝玉留东西，也只有为袭人留过糖蒸酥酪，为晴雯留过豆腐皮包子，可见待两人非比一般丫鬟。

　　宝玉还曾遣开袭人，单让晴雯去送几块旧手帕给林妹妹，然而，宝玉喜欢袭人，还是在晴雯之上，心理上对袭人的依赖，更在晴雯之上，一回到怡红院每每就问："你袭人姐姐呢？"袭人探亲，宝玉必要亲自去看看方安心。晴雯吃了醋，和袭人吵上了，宝玉一向支持袭人："你们气不忿，我明儿偏抬举他！"为了这个还要撵晴雯："我回太太去，你也大了，打发你出去，可好不好？"

　　金钏忌日，宝玉拼着贾母担忧、不喜，借口北静王的爱妾没了，也要去水仙庵祭奠；秦钟已葬，只叫茗烟代祭，对外宣称"只恨我天天圈在家里，一点儿做不得主，行动就有人知道，不是这个拦就是那个劝的，能说不能行"。殊不知想做的事情总有机会和时间，不想做的事情总有借口和原因，亦舒所云，少女口中的"妈妈不准"，男人推搪"妻子痴缠"之类。

　　晴雯被撵，宝玉至家探视；金钏挨打，宝玉倒有心看龄官画蔷。晴雯病故，宝玉敷衍作《芙蓉女儿诔》；金钏跳井，宝玉"恨不得此时也身亡命殒，跟了金钏去"。井台上，不过是借来的香炉，荷包里亲身带的两星沉速香，祭了金钏。芙蓉花前，用"群花之蕊，冰鲛之縠，沁芳之泉，枫露之茗"。

　　最要紧数可卿，秦氏病重，宝玉随凤姐探病，追摹阳台、巫峡的柔情缱绻，软语温存，听得秦氏说"未必熬的过年去"，顿时"如万箭攒心，那眼泪不知不觉就流下来了"，梦中听说可卿没了，哇地喷出一口血来，也不顾夜里风大，也不顾干净，也不顾贾母、袭人拦劝，立刻就要过去，忙忙奔至停灵之室，痛哭一番，不知若晓黛玉之死，宝玉又当如何？

▷ 见美思齐

对宝玉而言，女儿是水做的骨肉，男人是泥做的骨肉，自然不可相提并论，所以见了女儿就清爽，见了男子就要撤退，巴不得来生托生为女孩，再不可又托生这须眉浊物了。宝玉的影子甄宝玉说过："这'女儿'两个字，极尊贵、极清净的，比那阿弥陀佛、元始天尊的这两个宝号还更尊荣无对的呢！"

可惜的是，女孩儿未出嫁，是颗无价之宝珠；出了嫁，不知怎么就生出许多的毛病来，失了光彩宝色，成了死珠；再老了，染了男人的气味，不是珠子，竟是鱼眼睛了。何婆敢来吹汤，李嬷嬷敢吃酥酪、豆腐皮包子，已是可恨，居然还打芳官、骂袭人，简直是该杀了。

听其言，观其行。

秦钟、柳湘莲、蒋玉菡、北静王水溶等人，宝玉总是心虑无缘一见，每思相会，及至相见，心中十分留恋，恨不得早与交结，北静王劝学，也没有见宝玉有什么反感，还巴巴地留着礼物要转赠黛玉。若见了雨村，就葳葳蕤蕤的。

这些人的共同点是长得很好看，秦钟眉清目秀，粉面朱唇，水溶面如美玉，目似明星，一个赛似一个。更重要的特征，是他们容貌和举止所流露的女性气质，秦钟怯怯羞羞，有女儿之态；蒋玉菡妩媚温柔；柳湘莲生得又美，不知他身份的人，却误认作优伶一类。

雨村腰圆背厚，面阔口方，剑眉星眼，直鼻权腮，生得十分雄壮，也算是个俊男，只可惜宝玉的美貌标准是女性化的美，因此入不了眼。

宝玉渴望成为女生，看到女生就自惭形秽，宝玉本身就很女性化了，一见了更加女性化的秦钟，心中便如有所失，自视泥猪癞狗，最不喜读书的宝玉居然也要读起书来。调皮的男生见了漂亮的女老师，学习往往向上，不幸只有Only You的贾代儒老师，那么漂亮的女同学也能增进学习的欲望，甄宝玉说得明白："必得两个女儿伴着我读书，我方能认得字，心里也明白，不然我自己心里糊涂。"没有漂亮的女同学，漂亮的男同学也行，正是："不因俊俏难为友，正为风流始读书。"

原来，维纳斯倒真是水做的骨肉，她的特征不独是女儿，而是爱和美，宝玉真正所想，美人是水做的骨肉，丑人是泥做的骨肉，山川日月之精秀只钟于美人儿，丑人不过是些渣滓浊沫而已。

黛玉葬花是美，初见画蔷，未见眉目，只以为东施效颦，待到看到"这女孩子眉蹙春山，眼颦秋水，面薄腰纤，袅袅婷婷，大有林黛玉之态"，哪里还忍心离去，只管痴看。

娶进来的凤姐、可卿、李纨，不入死珠之流，平儿理妆、香菱换裙，乐不可支。二姐、三姐虽失了足，依然是一对尤物。嫁出去的岫烟择婿，伤心"未免又少了一个好女儿"，迎春出嫁，陪了四个丫头，感叹"从今后这世上又少了五个清洁人了"。

其实，宝玉心中感慨：最好是姐妹红颜不老，及笄不嫁，长聚不散，我也能安心了。

宝玉的话，向来不作数，一边号称将来"要回太太全放出去，与本人父母自便呢"，一边见人实在生得好，就盼着"怎么也得他在咱们家就好了"，一边指望着"只求你们同看着我，守着我，等我有一日化成了飞灰"，天下没有不散的筵席，只要等到我化灰才散才好。

原来这将来是自己化灰之日。

▷ 曾因酒醉鞭名马

宝玉对人对物，总是一理。对人，体贴时极体贴，发飙时极情绪。对物，爱惜时极爱惜，连个线头儿都是好的；糟蹋起来，哪怕值千值万的都不管了。

下雨天穿着木屐去看黛玉，因怕人失脚滑倒打破了，不舍得带雨天专用的玻璃绣球灯。林妹妹一针见血地指出这剖腹藏珠的毛病："跌了灯值钱，跌了人值钱？"

晴雯换衣服，不防跌了扇子，将股子跌折。宝玉叹道："蠢才，蠢才！将来怎么样？明日你自己当家立事，难道也是这么顾前不顾后的？"其实哪是爱惜扇子，分明是因为有事不爽，借扇发作，迁怒晴雯而已。

红色易迁怒，大伯子要收屋里人怪小婶子是贾母迁怒，为李嬷嬷喝茶撵茜雪是宝玉迁怒，输了钱、排揎袭人是李嬷嬷迁怒。

晴雯本是和碧痕拌嘴，忽迁怒于夜访的宝钗，再迁怒于叩门者（黛玉），把林妹妹气怔在门外。林妹妹告了状，宝玉自个儿也碰上了：大雨天，叩门不应，联想起黛玉所受委屈，又连带自己也受了委屈，因而迁怒于开门之人，踢了袭人；再加上金钏被撵，一肚子不高兴，因而又迁怒晴雯，冤冤相报何时了？

晴雯回嘴："先时连那么样的玻璃缸、玛瑙碗不知弄坏了多少，也没见个大气儿，这会子一把扇子就这么着了。"可见宝玉日常行事。

待到晚间，晴雯又提起这事："我慌张得很，连扇子还跌折了，那里还配打发吃果子。倘或再打破了盘子，还更了不得呢。"

这时，宝玉已经出去吃了两杯老酒，精神又来了，扇子想怎么撕就怎么撕了，只博千金一笑："你爱打就打，这些东西原不过是借人所用，你爱这样，我爱那样，各自性情不同。比如那扇子原是扇的，你要撕着玩也可以使得，只是不可生气时拿他出气。就如杯盘，原是盛东西的，你喜听那一声响，就故意的碎了也可以使得，只是别在生气时拿他出气。这就是爱物了。"

接着便和晴雯撕扇子作乐，撕了自己的还不算，还把麝月的也抢过来撕了，**红色喜怒无常，来得快，去得也快**，关扇子什么事。

更深层的根源，在于重情而轻理（礼、物）。平时宝玉没大没小，喜欢为丫鬟执役，一点刚性也没有，连那些丫头的气都受得，偶尔想要管教管教，却又觉得"若拿出做上的规矩来镇唬，似乎无情太甚"。一旦情绪化发作起来，撵茜雪、撵晴雯、踢袭人，却是什么都做得出来的。

"曾因酒醉鞭名马，生怕情多累美人。"郁达夫如是说，宝玉当如是看。

▷ 水仙庵的一炷烟

林黛玉常为贾府筹算筹算："要这样才好，咱们家里也太花费了。我虽不管事，心里每常闲了，替你们一算计，出的多进的少，如今若不省俭，必致后手不接。"宝玉却信奉船到桥头自然直："凭他怎么后手不接，也短不了咱们两个人的。"

宝玉又常说："我能够和姊妹们过一日是一日，死了就完了。什么后事不后事。""人事莫定，知道谁死谁活。倘或我在今日明日，今年明年死了，也算是遂心一辈子了。"

宝玉是最没担待的，习惯于给人虚假的希望，倒不是故意骗人，他自己首先相信了，但临了总被冰冷的现实打碎。相干的，要讨金钏；不相干的，欲留司棋，一旦出事，不是脚底抹油，就是大气不出，令友伴心寒，令读者齿冷。

调戏金钏，见王夫人起来，早一溜烟去了，比兔子还快。若宝玉拼着挨王夫人一顿训，金钏未必被逐，未必跳井，即或金钏被逐，宝玉亦不妨去家安抚，金钏也未必跳井。宝玉未杀金钏，金钏确因宝玉而死。宝玉呢？觉得没趣，进了园子，看龄官画蔷去也。最需要的时候，永不在身旁。

张小娴说过："一个承诺在最需要的时候没有兑现，那就是出卖，以后再兑现，已经没什么意思了。"赵象溜了，步飞烟被活活打死，居然还落人诽谤"艳魄香魂如有在，还应羞见坠楼人"。

宝玉何尝想到，金钏会去跳井，总以为明天回到王夫人房中，又可以见到。**现代的红色，往往会觉得时间如同游戏一样，随时可以调挡，从来不会意识到，时间是不可挽回的。**

金钏死了，宝玉并无自责，不过是习惯性伤感，五内摧伤而已。

黛玉劝时，宝玉居然有脸说："就便为这些人死了，也是情愿的！"既愿意死，当初何必要跑，可见这勇敢，只是公子哥儿心中的意淫。张翠山为殷素素而自刎，段正淳心甘情愿为情人殉情饮剑，高下立判。焦仲卿纵然也不敢和堂上争执，难免自挂东南枝，好比金哥自缢，守备公子投河。

日升日落间，记忆淡去，只留下水仙庵的一炷烟。曹植抱着枕头赋完洛神，也就准备忘却了。

晴雯、芳官、四儿被逐，"心下恨不能一死，但王夫人盛怒之际，自不敢多言一句，多动一步"。读书至此，深恨勇晴雯挣命也要补裘，宝玉竟不能仗义执言。自己不能分辩，却疑心袭人，袭人至少还打点了衣裳杂物并自己攒下的几吊钱，趁夜要给晴雯送去，宝玉会做什么？

总算有些许进步，知道是自己误了众女儿，死活央告婆子，去看探晴雯，然而晴雯死后，宝玉所关心的，竟是晴雯临终那一夜叫的是谁？愤恨晴雯居然叫的是娘而不是叫他宝玉，他把自己在女儿心中的地位看得忒重了。

宝玉杜撰《芙蓉女儿诔》，固然是小丫头传了晴雯作芙蓉花神的信，宝玉必要在芙蓉花前一祭以尽其礼，但也存了"比俗人去灵前祭吊又更觉别致"的意思，所以最重要的是"别开生面，另立排场，风流奇异，于世无涉"，尖刻如钱锺书先生，只怕要搬出"文人最喜欢有人死，可以有题目做哀悼的文章"的话来奉送。"箝诐奴之口，讨岂从宽？剖悍妇之心，忿犹未释"不过是自己的幻想和意淫，梓泽默默余衷，分明是哀叹自己，哪里是诉凭冷月，黛玉一来，诔文就可以送人。

宝玉日后是否出家，是很可疑的。私奔，黛玉不许；殉情，宝玉不敢；以宝玉的不担待，也未必就有出家的勇气；只怕按了藕官的例，娶了宝钗，既不妨了大节，又免了死者不安。然而，家道中落，以宝钗之能，尚无以为继，那时候为生计想，学学葫芦僧，出家、击柝，倒都是件生意。

第五篇

蓝色篇

第一章　蓝色的金钗们

▷ 妙玉思凡

妙玉是出家的黛玉，黛玉是在家的妙玉。两人都是苏州人，都跟着师父来京城，一般的书香家族出身，一样的自幼多病；黛玉三岁时有癞头和尚要化来出家，父母不从；而妙玉买了许多替身儿皆不中用，不得已亲入空门；妙玉入了空门病方才好了，而黛玉的病只怕一生也不能好得了；两人美貌堪匹，诗才相若，收徒弟竟也都是薛家的媳妇（邢岫烟、香菱）；出了怡红院，潇湘馆往左，栊翠庵往右，且都是所有住所里离得最近的；两人也都喜欢宝玉，甚至名字都带"玉"字。

> 这些相似，要说妙玉、黛玉是姐妹，或许还有不足，说两人互为影子，自应无疑，不过这还只算是外表，更妙在两人性格上也极其相似。黛玉孤高自许，目无下尘；妙玉为人孤僻，不合时宜，万人不入她目。

黛玉进贾府，敏感外祖母家与别家不同，步步留心，时时在意；妙玉进大观园，也是敏感"侯门公府，必以贵势压人，我再不去的"，直到下帖子请了方来。

爱情上也是一样，黛玉没有莺莺的大胆，念了张生，就勇敢地以身相许；妙玉没有妙常的果敢，思了凡，就勇敢地跳出佛门。

黛玉的爱情，是委婉的旁敲侧击、反复试探和紧盯密防；妙玉的爱情，也是一般的委婉，只在绿玉斗和成窑杯、乞红梅、遥叩芳辰三事。

别人连同最富贵的老太太只配在堂上用茶，钗、黛并宝玉可以入得自家的耳房；钗、黛虽用名器，然而自家常用的绿玉斗却斟给宝玉了；刘姥姥喝过的成窑杯不妨砸掉，宝玉三言两语也可以送了出去。如此种种，都是深爱宝玉，然而面子却是不能放下的，拉人是只拉钗、黛，等着宝玉自己跟来，嘴里却不肯承认，宣称"独你来了，我是不给你吃的"，别人不敢讨要的红梅花，独宝玉去了，大大方方奉送每人一枝。

宝玉倒也明白："我深知道的，我也不领你的情，只谢他二人便是了。"道婆收上茶盏，妙玉忙命将刘姥姥吃过的成窑茶杯搁在外头，宝玉会意，知为刘姥姥吃了，他嫌脏不要了；临走，宝玉又说叫几个小幺儿来河里打几桶水来洗地，妙玉嘱咐了抬了水只搁在山门外头墙根下，别进门来，宝玉竟也不愠："这是自然的。"

宝玉生日，众芳夜宴怡红，妙玉竟也殷勤地送来一张粉笺子，上书"槛外人妙玉恭肃遥叩芳辰"。既说是槛外人，如何在意宝玉的生日，又如何得知宝玉的生日，知了生日，如何又下拜帖，下了拜帖，如何又在拜帖上下别号。这样"僧不僧，俗不俗，女不女，男不男"的帖子，也是一道题目，和黛玉一样地试探法门，不过这次考的不是宝玉和自己的关系，而是宝玉的学识，考考宝玉是不是回得上，是不是配得上这份感情。若是回了"怡红公子"或竟回了"宝玉"，只怕妙玉必看轻了他。

宝玉知道难处，提笔出神，半天没个主意，只好去问人，正路遇岫烟。

对于这个拜帖，最了解妙玉的岫烟只顾用眼上下细细打量宝玉了半日，发出了三个感慨："怪道俗语说的'闻名不如见面'，又怪不得妙玉竟下这帖子给你，又怪不得上年竟给你那些梅花。"

此节须与黛玉题帕合看。岫烟三个"怪不得"，写尽妙玉之情。昨日是宝玉、宝琴、岫烟、平儿四人同寿，宝琴、平儿与妙玉无大交情不提，岫烟这话，意在我与妙玉本是贫贱之交，又有半徒之分，竟不曾收到拜帖，也未曾见她与人拜帖，更不曾见她与男子拜帖，因此惊怪。

可比晴雯道："这又奇了。他要这半新不旧的两条手帕子？他又要恼了，说你打趣他。"

宝玉回答岫烟"他原不在这些人中算，他原是世人意外之人。因取我是个些微有知识的，方给我这帖子"，可比宝玉答晴雯"你放心，他自然知道"。

宝玉既明白，少不得写了"槛内人宝玉熏沐谨拜"的帖，亲自拿了到栊翠庵，只隔门缝儿投进去，想来妙玉看了这样的答案，还是比较满意的。

▷ 当蓝遇到更深的蓝——妙玉

唐尧到山西拜访许由，要把王位禅让给他，许由不接受，唐尧又说：禅让不受，做个九州长吧。许由觉得这是一种奇耻大辱，奔至溪边，清洗听脏了的耳朵。不幸碰上超级蓝的巢父，看见许由在洗耳朵，觉得这河水脏得连牛都没法喝，牵去上游，后来不曾听闻许由的消息，或许就此恼死也未可知。伯夷叔齐，也当不得"普天之下，莫非王土。你们虽不食周粟，这薇菜难道就不是周薇？"这样的深刻，终于饿死。

枕翠庵品茶时妙玉一顿抢白，以黛玉的牙尖嘴利刻薄劲，吃了瘪，居然不敢声张，无可奈何，甘拜下风，难道真如许由见巢父，蓝色遇到更深的蓝，也懂得了避让吗？

让我们回到开始，贾母、刘姥姥等一行人到了枕翠庵，妙玉向贾母奉了茶以后，就把一众人等撇在东禅堂上，独拉宝钗和黛玉出来，拉宝钗、黛玉，意在宝玉，只是不好拉宝玉本人，自然知道宝玉必是跟在后面。给茶时，瓟斝斟给了宝钗，点犀䀉给了黛玉，已是青眼有加，"仍将前番自己常日吃茶的那只绿玉斗来斟与宝玉"，如此洁癖之人，独不以宝玉为污浊。这"仍""前番"字，意指宝玉用绿玉斗且不是一次了，而这绿玉斗，还是妙玉"自己常日吃茶"用的，多少柔情蜜意在其中。

宝玉有些人来疯："他两个就用那样古玩奇珍，我就是个俗器了。"这下可刺伤了妙玉，女儿家心里，古玩奇珍固然可贵，我日常用的更是要紧，劈头盖脸抢白过来："这是俗器？不是我说狂话，只怕你家里未必找的出这么一个俗器来呢。"

宝玉不愧是身经百战修炼出来的哄人专家，一个马屁拍回去："俗说'随乡入乡'，到了你这里，自然把那金玉珠宝一概贬为俗器了。"妙玉听如此说，十分欢喜。

妙玉还特地板起脸来解释："你这遭吃的茶是托他两个福，独你来了，我是不给你吃的。"颇有些此地无银、欲盖弥彰的意思。宝玉心领神会，笑道："我深知道的，我也不领你的情，只谢他二人便是了。"妙玉听了，方说："这话明白。"

这几番对答，只当钗、黛二人透明一样，宝钗忍得住，黛玉究竟沉不住气了，冒出那句没经过细细掂量的问话："这也是旧年的雨水？"这是第二番。早前坐船游湖，宝玉、宝钗讨论破荷叶可恨，要尽数拔去，黛玉不乐意，便说最喜"留得残荷听雨声"，宝玉立刻改换门庭以示效忠："果然好句，以后咱们就别叫人拔去了。"让黛玉很满意，这回要故技重施。

可这次的对手不同，妙玉本就对黛玉坐了自己的蒲团暗怀不满，又恨其破坏了打情骂俏的气氛，因此冷笑着打回："你这么个人，竟是大俗人，连水也尝不出来。"

黛玉太想打断二人对话，急功冒进，就此白白吃了一瘪，心里不是滋味，必定后悔自己多此一问，在心上人面前掉了面子，当下又说不出什么别的，又怕再说下去更是被动，于是约着宝钗走了出来，只字不提。

以黛玉的蓝色性格，当然不能这样便罢了，这股酸劲自然要借机会发作一下。芦雪广联诗，宝玉落第，李纨想出一个"又雅又有趣"的罚法，罚他去栊翠庵乞梅，并"命人好好跟着"。黛玉忙拦说："不必，有了人反不得了。"似乎特别敏感，又特别放心，其实吃醋之极，言下之意，他俩在一起，哪需要不识趣的电灯泡在一旁照着。

黛玉惯用反语，如绵里针般刺人，宝玉一时还不能悟到其中深意，还是乐呵呵地冒雪乞梅去了，他非要等林妹妹抹眼泪才发觉出大事了。

▷ 居安思危——元春

元春省亲不过六个多小时，除了羡慕小户人家可以享受天伦相聚之乐，痛哭如今贵为皇妃，然而骨肉各方、终无意趣之外，做了两件事：一是赐名，大观园、潇湘馆、怡红院、蘅芜苑、稻香村等，都出自元春之手，不提别的，单说石牌坊上"天仙宝境"四字，贾妃忙命换"省亲别墅"四字。

众清客本拟"蓬莱仙境"，这和"天仙宝境"一样太过嚣张，恐有无妄之灾，一朝失势，就可能会被政敌拿来攻击，换"省亲别墅"虽亦无甚趣味，却不易出错。正殿无匾，太监跪启："此系正殿，外臣未敢擅拟。"贾妃点头不语，是暗赞谨慎；贾政表文"朝乾夕惕""兢兢业业，勤慎恭肃"，道出此中意味。

二是千叮咛万嘱咐：贾妃在轿内看此园内外如此豪华，因默默叹息奢华过费，劝："以后不可太奢，此皆过分之极。"

再三叮咛："倘明岁天恩仍许归省，万不可如此奢华靡费了。"

"烈火烹油、鲜花着锦"之时，红色如宝玉，是典型的"以为荣华不绝，不思后日"的"安富尊荣坐享人"，只顾着"凭他怎么后手不接，也短不了咱们两个人的"。贾母虽然偶尔作兴一番，却也是过了一天是一天的主。

黄色有远见，管家的凤姐、探春、宝钗知道："家里出去的多，进来的少。凡百大小事仍是照着老祖宗手里的规矩，却一年进的产业又不及先时。"宝钗劝王夫人免了园中的费用，探春兴利除宿弊，凤姐料理省俭之计，顺便顾着自己的体己银两，终不过是零敲碎打的小改革，求"三年之内无饥馑矣"，不能解决根本的家族兴衰。

唯有蓝色，黛玉说道"虽不管事，心里每常闲了，替你们一算计"，知道经济上"若不省俭"唯恐"后手不接"。可卿身为宁府管事人，觉察到这不过是"瞬息的繁华，一时的欢乐"，忧及"月满则亏，水满则溢"，"登高必跌重"，筹算到"树倒猢狲散"退步抽身，托梦凤姐：

"目今祖茔虽四时祭祀，只是无一定的钱粮；第二，家塾虽立，无一定的供给。依我想来，如今盛时固不缺祭祀供给，但将来败落之时，此二项有何出处？莫若依我定见，趁今日富贵，将祖茔附近多置田庄房舍地亩，以备祭祀供给之费皆出自此处，将家塾亦设于此。合同族中长幼，大家定了则例，日后按房掌管这一年的地亩、钱粮、祭祀、供给之事。如此周流，又无竞争，亦不有典卖诸弊。便是有了罪，凡物可入官，这祭祀产业连官也不入的。便败落下来，子孙回家读书务农，也有个退步，祭祀又可永继。"

吴宓先生说："事变之来也，察知之尚易，而实行挽救则甚难。有德莫斯尼而不能救雅典之亡，有汉尼拔而不能救迦太基之灭，有西西罗而不能救罗马之衰。"可卿的计算，已经算到败落之后，留下复兴的种子，在宁、荣二府，不得不推为战略眼光第一人。遥遥相对，元春托梦："儿命已入黄泉，天伦呵，须要退步抽身早！"

▷ 超级洁癖——惜春

好好的成窑五彩小盖钟，刘姥姥只吃过一次茶，妙玉就嫌脏，命道婆别收了，搁在外头。黛玉因尝不出梅花雪，被说成大俗人一个。**妙玉的洁癖，是兼有物质和精神两方面，而惜春的洁癖，重在精神，割席的管宁，庶几近之。**

惜春是宁府的小姐，贾珍的妹妹，老爸早早独自一个人搬到城外炼丹修行，老妈疑似早故，自幼跟着老太太过。宁府的名声不好，爬灰的爬灰，养小叔子的养小叔子，还有父子兄弟聚麀，只两个石头狮子干净，只怕连猫儿狗儿都不干净。贾蔷是近亲，父母早亡，随贾珍过活，就惹来很多闲话。这还是男生，若是女生，更不得了，可卿、尤三姐、尤二姐，时人眼里都是红颜祸水，不得好死，连做丫鬟的都跟着倒霉，无缘无故要撞死。

惜春风闻这些不堪的闲话，一个小孩子，一个女孩子，哪里敢去惹是非，只有躲是非的，幸好是老太太养活，后来又住进大观园，自然是躲得越远越好，不再回家，时间久了，渐渐觉得自己和宁府没了关系。

这是一个开始，抄检大观园时，惜春的丫鬟入画被抄出私相传递，凤姐素日里看她还好，倒是有心恕他，反是惜春不愿意。

入画是惜春的头一号丫鬟，地位与迎春的司棋、探春的待书等同。探春压根拦着没让抄检，司棋出去，事关风化，迎春虽不敢劝，毕竟还有不舍，若是凤姐放行，迎春定没有拦着的理，只有惜春立逼着尤氏带出去，或打、或杀、或卖，一概不管。任由入画跪下哭求，尤氏、奶娘十分分解，咬定牙断乎不肯松口。

若说这是无情，惜春必不能认同的。在惜春眼里，这事太可怕了，既然私相传递，那么未必没有私通奸情，就算没有，那些不得志的奴仆们，专能造言诽谤主人，什么诟谇谣诼没有？我和宁府已无大关系，现在我的丫鬟出了这样的丑事，大家会怎么看我？怎么说我？大家会不会把这件事和宁府的各种丑事联系在一起？会不会连我也编派上了？我本清清白白，你犯了错，何以由我担着？我撵了入画，杜绝了宁国府，我就和丑闻脱了钩，我不会连累你们，你们有事也不要连累我。妙玉要砸成窑杯，惜春要撵入画，是同一道理，既然脏了，那就不要，你们不嫌脏，我嫌。

蓝色的精神洁癖，为她们打开了去往空门的捷径。半自愿的妙玉、自愿的惜春入了空门，都是蓝色。被逼无奈的芳官等人不算，红色如宝玉，口中喊着叫着要去做和尚，其实是不去的。又如湘莲，那是三姐剑逝刺激的，没有佛缘，能做多久的和尚，着实难说。

究其原因，空门本身具有"洁"的含义在里面，悟道更是如此。五祖传衣钵，神秀"身是菩提树，心如明镜台，时时勤拂拭，莫使有尘埃"。这是红色自以为完美，结果真正的蓝色很不屑："菩提本非树，明镜亦非台，本来无一物，何处惹尘埃？"是为六祖。

禅宗，追求的正是拈花微笑，红色的神秀，又怎么拼得过蓝色的慧能呢？

▷ 生命中不可承受之轻——秦可卿

可卿入宁府，如贫女居富室，想必当初如黛玉一般，步步留心，时时在意。作为贾府长房玄孙媳妇，是未来的族长夫人，她比林黛玉承受更多的心理压力。看起来可卿做得不错，她行事温柔和平，公公贾珍夸她比儿子强十倍，婆婆尤氏说打着灯笼也没地方找去，贾母眼中重孙媳妇中第一个得意之人。

因此，公公婆婆当自己的女孩儿似的待，和丈夫厮敬，从没红过脸儿，亲戚、长辈、同辈，没有不喜欢的，可卿死后，"那长一辈的想他素日孝顺；平一辈的想他平日和睦亲密，下一辈的想他素日慈爱，以及家中仆从老小想他素日怜贫惜贱、慈老爱幼之恩，莫不悲嚎痛哭者。"

这等说法，几乎无可挑剔。平日里送往迎来，也可以看出可卿的功力。弟弟秦钟几句话勾搭起头，说动不读书的宝玉带着自己一起进家塾，是个交际能力挺强的人。就这样，可卿还以为"性子左强，不大随和些是有的"，嘱咐宝玉"倘或言语不防头，你千万看着我，不要理他"。虽是人之常情的客套，但可卿说得细致。凤姐探看，可卿已是病入膏肓，还要站起来相迎，走时还说："婶子，恕我不能跟过去了。"

可卿托梦，更是蓝色思虑缜密的优势，然而，思虑缜密过了头，就成了思虑太过，心又细又重，不拘听见个什么话儿，都要度量个三日五夜才罢。听闻秦钟闹学堂，"又是恼，又是气。恼的是那群混账狐朋狗友的扯是搬非、调三惑四那些人；气的是他兄弟不学好，不上心念书，以致如此学里吵闹"，索性连早饭也没吃。可卿是往内里消化，凤姐是往外消气，可卿这点事还要琢磨半天，若是凤姐，恐怕立刻调查了。

红楼第一名医张友士看完可卿脉息，一针见血地指出："大奶奶是个心性高强聪明不过的人，聪明忒过，则不如意事常有，不如意事常有，则思虑太过。"

"先有恶奴之凶顽，而后及以秦钟来告，层层克入，点露其用心过当，种种文章逼之"，一旦生病，又总想着"我自想着，未必熬的过年去呢""任凭神仙也罢，治得病治不得命。婶子，我知道我这病不过是挨日子。"终致不治，蓝色慎之！

这是病死说，秦可卿的死因，有病死、自缢两种主要的说法。

俞平伯先生考证出可卿和贾珍幽会，被丫鬟撞破，无地自容，"画梁春尽"，因为甲戌本的发现而成主流，内又分出贾敬说和宝玉说。

无论对方是谁，我都想找出一些证据来为这位美丽的少妇辩解。用索引派的功夫做考证派的事情，正过来说反过来讲，无往而不利，不足为凭。

因此，试着发掘出一些集体无意识来做旁证，无论是周繁漪(《雷雨》)、爱碧(尤金·奥尼尔《榆树下的欲望》)，还是海丝特·白兰(《红字》)、布恩蒂亚家族诸人(《百年孤独》)，都没有提供我所满意的答案，直到发现《生命中不能承受之轻》。

特丽莎无法接受托马斯的"轻"，尝试出轨，沉重的出轨。特丽莎想，你让我这样痛苦，我也让你尝一尝同样的痛苦。当特丽莎与托马斯的同事起舞，托马斯心里很不痛快，但托马斯很难像特丽莎那样痛苦。

贾蓉与凤姐关系貌似暧昧，爷爷死了，奔丧回家，路上听到两个姨娘来了，居然和老爸对视一笑，对于蓝色的可卿，沉重可知。大家一起出轨吧？可是，真的是一样吗？**红色可以轻松地出轨，而蓝色永远做不到。**因沉重而出轨，视出轨为沉重，双重的沉重压在身上，终于压垮了骆驼。

第二章　当一见钟情遇上不知底细

▷ 等待和发酵的哀伤——尤三姐

对于尤三姐，脂本和程本有很大的偏差，有认定三姐是贞节女子，出淤泥而不染，似乎失了贞节就不配嫁人；有希望三姐原是淫奔女，好来符合现实主义的理论，讨论悲剧的价值和意义，还有觉得三姐要么好上了贾珍，要么爱上了湘莲，二者必居其一的悖论，听起来有点胡不食肉糜的味道，反正总有本子可信。两个本子有一段是一样的：

尤三姐大闹了花枝巷，贾珍、贾琏两人吃不消，二姐便来游说三姐，要将三姐发嫁。三姐倒是聪明人，不等姐姐开口，开出条件：只要我拣一个素日可心如意的人方跟他去，否则纵然石崇般富、曹植般才、潘安般貌也不中用。又问是谁？尤三姐笑道："别只在眼前想，姐姐只在五年前想就是了。"

五年前的事，谁想得出来？盘问了一夜，方知道五年前参加亲戚的一个生日会，偶遇柳湘莲便看上了，非他不嫁。

"感情寻找它的模特儿，就像衣服挂在橱窗"，这是现代社会，大观园的姐妹们的选择想也稀少，不知责任为何物的贾宝玉成了香饽饽，三姐的选择多了那么一点点，还是看走了眼，押宝押上了湘莲，以为意中人是个盖世英雄。

尤三姐善从小处知人，丧礼上和尚们进来绕棺，宝玉挡着，也不管人说他不知礼，又没眼色，只怕和尚气味熏了尤氏姐妹。接着尤二姐要茶，有婆子就拿了宝玉的碗倒，宝玉赶忙说："我吃脏了的，另洗了再拿来。"这两个细节，独三姐看得明白："原来他在女孩子们前不管怎样都过的去，只不大合外人的式，所以他们不知道。"

想来小柳子当年，不仅风流偶傥，也是有那么一两个小动作，方才打动了三姐，让三姐留了心。

> 三姐能屈能伸，有心有胆，万事俱备，想要做文君、红拂，只可惜命不好，欠了运气，遇不到有担当的好男儿，眼力又不足，拿了湘莲孤注一掷，只做得杜十娘、苏小小。

自打冷眼相中冷二郎，整整五年，母亲不知，姐姐不知，柳湘莲更不可能知道，只在三姐心中藏着，藏着那份爱意，若是宝玉，早已丢开了手，但三姐却能藏着让它发酵。

《一个陌生女人的来信》中的女主人公在她生命的最后时刻，饱蘸着一生的痴情，写下了一封凄婉动人的长信，向一位著名的作家袒露了自己绝望的爱慕之情。她说：

"可是只有我死了，你再也用不着回答我了，此刻使我四肢忽冷忽热的疾病确实意味着我的生命即将终结，那我才让你知道我的秘密。要是我还得活下去，我就把这封信撕掉，我将继续保持沉默，就像我过去一直沉默一样。"

这种等待和发酵的哀伤，升华为牺牲的悲剧感，对于蓝色有一种特别意义。这部小说或许可以解释三姐为何爱上湘莲，还要好上贾珍。

等到破茧而出，三姐却一厢情愿地把五年统统推给湘莲："妾痴情待君五年矣。"可惜湘莲永远也不会明白。猜中了开头，猜不中结尾。当三姐发现痴情等待之人竟嫌自己是淫奔无耻之流，不屑为妻，唯一剩下的就只能是自刎了。时间这个东西，有时候也会开玩笑，如果不是经过漫长的时间将一颗情种发酵，三姐也不会失望至此。

▷ 变幻莫名的娶妻观——柳湘莲（红）

三姐是决绝的，断簪为誓："等他来了，嫁了他去，若一百年不来，我自己修行去了。"宝玉虽是没有原则性可言，好歹还知道黛玉最重要。可柳湘莲这个红色，连自己喜欢什么样的女孩子都搞不清楚。

最初的意见是："我本有愿，定要一个绝色的女子"，可见美貌是娶妻的第一标准，大约是绝色美女方配绝代英雄的意思。

贾琏路遇湘莲，为三姐提亲，湘莲说："如今既是贵昆仲高谊，顾不得许多了，任凭裁夺，我无不从命。"为了朋友情面，美貌标准可以抛在一边，听说是"古今有一无二的"的品貌，一举两得，更以家传鸳鸯剑作定礼，终身大事，如此草草。

宝玉的承诺，说过就忘，害死了金钏；湘莲的承诺，打了水漂，害死了三姐。湘莲拒婚，三姐最多也就是青灯古佛，相伴余生。而湘莲的鸳鸯剑，让三姐喜出望外，挂在自己绣房床上，每日望着剑，自笑终身有靠。当欣喜和梦幻化为泡影，三姐因此饮剑。

到了京师，见了宝玉，宝玉证实："难得这个标致人，果然是个古今绝色，堪配你之为人。"

湘莲知道了绝色，却又疑惑起来："既是这样，他那里少了人物，如何只想到我？况且我又素日不甚和他厚，也关切不至此。路上工夫忙忙的就那样再三要来定，难道女家反赶着男家不成？我自己疑惑起来，后悔不该留下这剑作定。所以后来想起你来，可以细细问个底里才好。"

苏友白堪与湘莲为友："既是吴翰林家小姐，貌又美，怕没有一般乡绅人家结亲，却转来扳我一个穷秀才，其中必有缘故，只怕这小姐未必甚美。"本来好姻缘，偏要一波三折，演出个《玉娇梨》来。

问出了底细，知道了她是宁府里尤氏的继母带来的小姨，认定尤三姐不干净。为了不做这"剩忘八"，朋友情面、美貌又都放到一边，却要考察德行，以贞节为本。真不知道自己眼花卧柳，何德何能？有何脸面要求他人清白？贾琏自己行不正，也不曾嫌弃尤二姐的过去。连宝玉都说他："你原说只要一个绝色的，如今既得了个绝色便罢了，何必再疑？"

水笙失踪，汪啸风只求她性命无碍，待见了人，却又盼望她守身如玉，抱着鱼与熊掌务必兼得的心态。湘莲找贾琏索回定礼，三姐自刎，这时候湘莲又开始后悔"原来尤三姐这样标致，又这等刚烈"，又回到了美貌的标准，还加上刚烈作为参考加分项。

短短数周，湘莲的娶妻观来回变了三五番，可见，湘莲的原则性能有多强？说到底，无论湘莲在三姐眼里心中是多么与众不同，终归不过是个瞻前顾后的普通小生罢了——五年的魂牵梦萦与他无关，他所想的却是征婚启事上的条款。

湘莲挥剑斩情，然而以湘莲的善变，能做多久的和尚还是未知之数，这不，说法都已备下了："想他那样一个伶俐人，未必是真跟了道士去罢。柳大哥原会些武艺，又有力量，或者看破了道士有些什么妖术邪法的破绽出来，故意假跟了他去，在背地摆布他也未可知。"

▷ 对形式的追求，连死亡也不例外

水是最洁净的，沐浴本有洁净身体和心灵的意思，兰亭诸贤"修禊事也"就是群聚水滨，沐浴洗濯，祓除不祥。

务光赴水、屈原投江、王国维沉湖，蓝色和水还真有缘，务光因为生在"无道之世"，不能接受商汤禅让的天下而赴水，屈原投江前说"举世皆浊我独清""宁赴湘流，葬乎江鱼腹中。安能以皓皓之白，而蒙世俗之尘埃乎"，王国维死前谈及颐和园说："今日干净土，唯此一湾水耳。"

杜十娘投了江，金钏儿投了井，守备家的公子，听说未婚妻张金哥因父母退亲上吊死了，也是投河而死。

屈原在询问："孰吉孰凶？何去何从？"在他看来，"世溷浊而不清：蝉翼为重，千钧为轻；黄钟毁弃，瓦缶雷鸣；谗人高张，贤士无名"，哈姆雷特在思考"生存还是毁灭"，在他看来，人世间是"一个荒芜不治的花园，长满了恶毒的莠草"。黛玉葬花，是"一抔净土掩风流""质本洁来还洁去"，落花尚且要葬得"干净"，何况于人？寻觅

"未若锦囊收艳骨，一抔净土掩风流"的"香丘"，无疑是黛玉的人生课题。黛玉号潇湘妃子，娥皇、女英也是赴水而死的，所以私心还是很相信"林黛玉沉湖说"的。

> 对蓝色而言，死，重要，怎么死，更重要。关羽说："玉可碎而不可改其白，竹可焚而不可毁其节，身虽殒，名可垂于竹帛也！"文天祥说："人生自古谁无死，留取丹心照汗青！"王小波总结"生死和清洁两个领域里，他们更看重后者"，都是同一个意思。

对三姐而言，一是湘莲嫌自己"淫奔无耻"，二是"不屑为妻"，要退亲，这都是比她生死还大的"清洁"问题。

尤三姐可以和贾珍、贾琏轻薄调戏，也可以吃斋念佛、服侍母亲，但她却不能忍受心目中最亲近人的不理解和猜疑。知音既已不在，生命留它何用？水笙见表哥误解，"心中悲苦，泪水急涌，心想旁人冤枉我、诬蔑我，全可置之不理，可是竟连表哥也瞧得我如此下贱。她只想及早离开雪谷，离开这许许多多人，逃到一个谁也不认识她的地方去，永远不再和这些人相见。"伯牙摔琴谢子期，是感叹知音已逝，尤三姐饮剑，是哀叹自己错认知己。

有人说，尤三姐为什么不解释呢？可以解释清楚呀。从事实来看，尤三姐有不能解释的痛，然而更重要的是，既然湘莲已经看不起自己，那么自己主动来解释，岂不是低三下四，更加不自重？湘莲要是不听解释，我岂不是更难堪？生死事小，尊严事大。

霍青桐与陈家洛初见，彼此有意，陈家洛看见女扮男装的李沅芷对霍青桐亲热，产生误会，霍青桐心中明白，却不直接说出："你不要我跟你去救文四爷，为了甚么，我心中明白。你昨日见了那少年对待我的模样，便瞧我不起。这人是陆菲青陆老前辈的徒弟，是怎么样的人，你可以去问陆老前辈，瞧我是不是不知自重的女子！"说罢纵身上马，绝尘而去。

尤三姐用了雌锋，隐约还抱着最后一丝希望，希望湘莲看到并且承认自己的刚烈，若是知己，也能用雄锋殉情。正如奥赛罗明白自己错杀苔丝德蒙娜，即刻拔剑自刎。可惜湘莲终究没个担待，冤死了尤三姐，左不过是追认了尤三姐为妻，大哭一场，挥剑斩情，三姐香魂却已无踪。绿珠坠楼，石崇何尝相伴？虞姬饮剑，楚王何必追随？

这样的男人，枉三姐送了命。

三姐毕竟是个有胆识的女子，一旦到了太虚幻境，立刻转过念来"前生误被情惑，今既耻情而觉，与君两无干涉"。本是来自情天，为君折翼，奈何流水无情，落花也自无意，因此两无干涉。落得清净，前往情地去了。

第六篇

宝黛恋爱报告

宝、黛二人是有夙缘的，金风玉露一相逢，两人就觉得似曾相识。黛玉心中想："好生奇怪，倒象在那里见过一般，何等眼熟到如此！"宝玉开口："这个妹妹我曾见过的。"谎话戳穿了也面不改色心不跳："虽然未曾见过他，然我看着面善，心里就算是旧相识，今日只作远别重逢，亦未为不可。"可以算是搭讪的经典案例。

祸根也是从此种下，甫相见，宝玉就给了个"颦颦"的字，为的是黛玉眉尖若蹙，合了西施病心而颦其里的典。西施病心，黛玉心病。比干已是七窍玲珑心，黛玉尚多一窍，焉能不病？既病，焉能不泪如潇湘？

在小说中，在日常生活里，红蓝配的概率非常高，比如《布拉格之恋》中的汤马斯（红）和特丽莎（蓝）、《布达佩斯之恋》中的伊洛娜（红）和安德拉许（蓝）、《悠长假期》中的叶山南（红）和濑名秀俊（蓝）、飞扬跳脱的刘嘉玲（红）和低调内敛的梁朝伟（蓝）都属于这一类。

▷ **自恋的水仙 VS 自恋的孔雀**

黛玉对自己的美貌和才华非常自恋，所谓"孤高自许，目无下尘"：

"（林黛玉）走至镜台揭起锦袱一照，只见腮上通红，自美压倒桃花。"

自恋忽而化为自怜：

"那黛玉对着镜子，只管呆呆地自看。看了一回，那珠泪儿断断连连，早已湿透了罗帕。正是：瘦影正临春水照，卿须怜我我怜卿！"

无独有偶，万历年间"影恋"冯小青，临池照影，揽镜自照，最后还请人画像，对着画像一恸而绝。可巧，纳西塞斯爱上了自己在水中的倒影，跳下河去拥抱自己的影子，化为水仙。

蓝色具有天生的悲观主义特质，看到相聚，就想到离别，看到花开，就想到花谢。姹紫嫣红开遍，不是秉烛夜游，而是触物伤情，感伤生命的流逝，感伤自己的未来。"如花美眷"，下句就是"似水流年"，听到"良辰美景奈何天，赏心乐事谁家院"，就想到"花落水流红，闲愁万种"，拜伦常常看见有魅力的东西就哭起来，感叹美妙的事物终会衰亡，中西同其一理。

元春在宫中编次大观园题咏，忽然想起大观园的景致若是禁锁无人，岂不寥落寂寞？辰美景，赏心乐事，也敌不过似水流年，因美景思及佳人，想起家中现有几个能诗会赋的姐妹，为免"佳人落魄，花柳无颜"，命宝钗等一干姐妹并宝玉入园居住。

细细追想元春，必因自己因皇家规范不能聚天伦之乐，终无意趣，而念及"禁约封锢"的大观园，感伤的法则，与拜伦与黛玉类等。

花之于黛玉，就是镜中的自我之于冯小青、水面的倒影之于纳西塞斯。"花谢花飞飞满天，红消香断有谁怜？"以己观花，感叹春光将逝，落花飘零，以花观己，伤感红颜易老，弹指芳华，"桃李明年能再发，明年闺中知有谁？"以己度花，感悟落花之哀，以花度己，伤怀知己难求。"未若锦囊收艳骨，一抔净土掩风流。"以我为花之知己，落花唯有我怜，以花为我之知己，葬花即是葬己。黛玉情情，葬花并非情于无情之花，而是情于有情之我。

黛玉葬花，正是秉承屈原"唯草木之零落兮，恐美人之迟暮"的传统。《离骚》，以自恋始，以自怜为核心，以自我放逐为终。从自己是高阳帝的后裔，自己名正则、字灵均多好听，一直自恋到自己长得多漂亮，衣服用香草为佩，说他是水仙，一点都不过分。

相对而言，红色是乐观主义，宝玉只愿花常开，生怕一时谢了没趣；只愿人常聚，生怕一时散了添悲，怡红夜宴，飞盖妨花，夜饮鸣笳时什么都好，待到"开到荼蘼花事了"，宝玉即刻愁眉藏了花签。到了筵散花谢，满心还要留着众人，最好是尽此良宵，不知东方之既白，薛姨妈打发了人来接黛玉，因说是二更天，宝玉犹不信，要过表来瞧了一瞧。虽留不住，有万种悲伤，也就无可如何了。

"花开堪折直须折，莫待无花空折枝"，"不如尽此花下欢，莫待春风总吹却"，唐风是红色的。"无可奈何花落去"之时，蓦见"似曾相识燕归来"，伤春意绪，就因燕归转喜了。

自恋自怜的蓝色，还会有一种审悲的快感，以自己的苦难和不幸，以"原是无依无靠投奔了来的"，以"一年三百六十日，风刀霜剑严相逼"为崇高，从而在心理上把自己推向更高的苦难和不幸。疑心"别人不挑剩下的也不给我"，疑心人家故意不给她开门，时常"无事闷坐，不是愁眉，便是长叹，且好端端的不知为了什么，便常常的就自泪自干"。时时刻刻可以联想到自己的不幸，在幽闺自怜。宝钗送来江南的土物，黛玉要哭，赏月时宝钗姐妹不在又要哭，听到"你在幽闺自怜"要哭，看到潇湘馆满地下竹影参差，苔痕浓淡，都能联想《西厢记》的句子来，和双文 PK 谁更不幸，感伤半天。

相对而言，红色也有自怜之处，红色的自怜更像"为赋新词强说愁"，红色也颇有自恋之处，然而红色的自恋更像孔雀，恋的是别人眼中的自己，被关注、被热爱，光环、名声，这是红色的追求。看宝玉兴高采烈地把自己的诗、自己的题字画作传出去，十分得意，而黛玉不愿意闺阁笔墨外传。宝玉最企盼的，就是众姐妹、丫鬟一同看着他、守着他，直到他有日化成飞灰，化作轻烟，就算成了飞灰轻烟，还要赚大家一把眼泪，流成大河。无独有偶，顾城如此期许爱情："她永远看着我／永远，看着／绝不会忽然掉过头去。"

▷ 黛玉的体贴 VS 宝玉的体贴

宝玉天生惯能做小伏低，赔身下气，性情体贴，话语绵缠，这一身的体贴功夫，用在黛玉身上的，无可细数，挨了好大一顿板子，还要哄黛玉："我虽然捱了打，并不觉疼痛。我这个样儿，只装出来哄他们，好在外头布散与老爷听，其实是假的。你不可认真。"

对黛玉如此，对宝钗也是如此。袭人不小心转述茗烟猜测"那琪官的事，多半是薛大爷素日吃醋，没法儿出气，不知在外头唆挑了谁来，在老爷跟前下的火"之类的话，宝玉为免宝钗多心，忙止住袭人道："薛大哥哥从来不这样的，你们不可混猜度。"

对小姐如此，对丫鬟也是如此。好大一顿板子打成血肉模糊，还能变着法子，对玉钏问长问短，莺儿打络子，也是一边陪着说闲话。

平时更不用提，自己读书，还顾到麝月衣单太冷，以至为二尤挡人、替彩云瞒脏、护藕官烧纸。女儿们高兴，宝玉就高兴，是后他人之乐而乐。

女儿的不快乐，就是自己的不快乐，秦钟生病，宝玉"心中怅然如有所失。虽闻得元春晋封之事，亦未解得愁闷"。七十回上，更因"冷遁了柳湘莲，剑刎了尤小妹，金逝了尤二姐，气病了柳五儿，连连接接，闲愁胡恨，一重不了一重添。弄得情色若痴，语言常乱，似染怔忡之疾"。

为他人考虑极周到，先他人之忧而忧，因为黛玉癖性喜洁，不肯让黛玉见烫伤的泡；撞破了茗烟卍儿，却提醒女孩还不快跑，又赶出去宽女孩的心"你别怕，我是不告诉人的"；留心红玉，却怕袭人等寒心，不敢直点名唤他来使用；叫春燕去向莺儿赔罪，隔窗细细叮嘱："不可当着宝姑娘说，仔细反叫莺儿受教导。"

蔷薇架下看龄官画蔷，自己身上淋湿了也不知道，只管问人家淋了没。哄白玉钏亲尝了莲叶羹，汤烫了手自己倒不觉得，却只管问玉钏儿烫了哪里了，疼不疼。

能做到这些，预备功课一定要做得好，茗烟不问卍儿年岁，痛批"可见他白认得你了"，若不服气，比比宝玉连别院另住的贾赦一个小妾娇红的风筝都认得，可以想见宝玉在女孩上的心思和功夫。刘姥姥信口开河编出来的茗玉小姐，什么祠堂很近的出门左拐骑个驴就到了这样的鬼话，也要盘算一夜，本着宁可错听千言，不可放过一个的精神，给了茗烟几百钱，着他去先踏看明白。

功夫不负有心人，正因为这样的苦心，才懂得如何调脂弄粉，才有了喜出望外平儿理妆，才知道袭人上月做了条一模一样的裙子，才有了呆香菱情解石榴裙。

黛玉的体贴，有时候是见之于外的，宝玉挨打，哭得满面泪光，两个眼睛肿得桃儿一般，听闻宝玉"不中用了"，急得直推紫鹃："你不用捶，你竟拿绳子来勒死我是正经！"

更多的时候，黛玉是默默地关心和体贴。宝黛初会，黛玉就为宝玉摔玉而深深自责，本要看玉，又念着夜深，不肯多事。宝玉不曾打来玻璃绣球灯，黛玉只怪他剖腹藏珠："跌了灯值钱，跌了人值钱？"元妃省亲，帮宝玉考试。宝玉赶功课，临时抱佛脚，黛玉只装作不耐烦，便不起诗社，也不以外事去勾引他，还临了一卷蝇头小楷给宝玉，字迹都与宝玉的十分相似。即使两人吵架，也留心到宝玉脱了青肷披风，留心到宝玉拿着簇新藕合纱衫去拭泪，摔了帕子给宝玉。

另外一点不同在于，宝玉的体贴，如天女散花，广布善缘，而黛玉的体贴，全在宝玉一人。本有洁癖，若是他人烫伤，定乎不肯去看，然而宝玉不让看，黛玉还偏要看，强搬着脖子瞧了一瞧。

▷ 情情

未遇见子期之前，伯牙是在等候子期，黛玉在进贾府之前就被和尚算中了"凡有外姓亲友之人，一概不见，方可平安了此一世。"

宝玉"情不情"，黛玉"情情"。黛玉之情，只在宝玉一个人身上，其他人是死是活，都不相干，也只要求宝玉用同等的情来回报，不仅是同等的情，还要以同等的形式。何况她老爸也是个痴情种子，死了妻子无意续弦，对黛玉多少有点心理暗示的作用。

> 黛玉用情专一，自然也容不得情人用情不专。痴情和小性、信任和猜疑，本就是硬币的两面，宝玉的招蜂惹蝶更加剧了这种敏感和猜忌。在这种敏感和猜忌的高度情绪化压力下，蓝色性格很容易陷入低落、自怜和抑郁的状态中，发之于外，林妹妹的第一举动就是耍小性子，要不发脾气，要不就哭，宝玉就只有立刻乖乖低头的份。

丫鬟辈如袭人，升了级，大不了也就是个妾，黛玉自不在意，还上赶着管袭人叫嫂子，然而一旦事关"金玉良缘"，情关宝钗、湘云时，便顿时留心起来，战备等级立刻提升。不过黛玉毕竟不是凤姐般的"醋缸醋瓮"，吃醋耍小性历来也是以委婉见长的，她善于旁敲侧击、指桑骂槐，一会儿"暖香""冷香"，一会儿"奇香""俗香"，一会儿"姐姐""妹妹"，一会儿"宝姑娘""贝姑娘"，一会儿"金锁""金麒麟"，总之变幻莫名，让人爱也不是，恨也不是。但也正因黛玉有此才，方许她妒，若是村妇撒泼，每次都拿同一个剧本来闹，想来宝玉早就烦了。

再说了，若她在外祖母跟前也是这般造型，哪会有人疼她？还不是咬着绢子，巧笑倩分，外祖母、舅母来访，还不是忙不迭地看座奉茶。私下里，偏有人爱她使小性儿的作派，有哭的就有哄的，黄鹰抓住了鹞子的脚，一环扣一环，旁人怎么嫌也没用。

看宝钗轻巧的几句话，宝玉就那么听地放下冷酒，温了方饮，黛玉就在那边含酸，可巧雪雁走来送小手炉，黛玉就借这机会小小发作起来："也亏你倒听他的话。我平日和你说的，全当耳旁风，怎么他说了你就依，比圣旨还快些！"此话不过是旁敲侧击地挪揄宝玉，只有薛姨妈看不明白，在一旁瞎掺和："你这个多心的，有这样想，我就没这样心。"其实哪里是多心？

宝玉奚落宝钗体丰怯热，貌似杨妃，黛玉心中着实得意，还要趁势取笑；宝玉赞宝钗无书不知，黛玉心里就不自在："安静看戏罢，还没唱《山门》，你倒《妆疯》了。"

湘云到贾府，宝玉去了稍迟，湘云倒不觉有什么相干，偏黛玉吃醋："我说呢，亏在那里（宝钗）绊住，不然早就飞了来了"一是醋宝钗绊住，二是醋平日湘云一来宝玉就飞了来迎。

贾母为宝钗请了戏班，宝玉问黛玉："你爱看那一出？我好点。"黛玉冷笑道："你既这样说，你特叫一班戏来，拣我爱的唱给我看。这会子犯不上跐着人借光儿问我。"

比起发脾气和哭，红色更怕不理不睬。宝钗生日里，众人取笑黛玉像戏子，宝玉给湘云使眼色要止住，这下可好，一下子把湘云、黛玉都得罪了。湘云是立刻发作，一回去立刻收拾衣服要走，噼里啪啦把宝玉说了一通。

宝玉又在湘云处受了气，又来寻黛玉。刚到门槛前，黛玉便推出来，将门关上。宝玉摸不着头脑，在窗外只是吞声叫"好妹妹"。黛玉总不理他，宝玉闷闷地垂头自省。

和湘云不同，黛玉并不说为什么生气，并不说错与不错，只是关门。**冷淡比当面发作更令红色难受**，宝玉自己说过："便有一二分错处，你倒是或教导我，戒我下次，或骂我两句，打我两下，我都不灰心。谁知你总不理我，叫我摸不着头脑，少魂失魄，不知怎么样才好。就便死了，也是个屈死鬼，任凭高僧高道忏悔也不能超生，还得你申明了缘故，我才得托生呢！"

宝玉只得呆呆地站着，风露立中宵，借此感动佳人，对方心肠一软，容易说话。黛玉只当他回房去了，便起来开门，只见宝玉还站在那里。黛玉反不好意思，不好再关，只得抽身上床躺着。

宝玉随进来问道："凡事都有个原故，说出来，人也不委曲。好好的就恼了，终是什么原故起的？"真真红色，这句话蓝色最气不过：到现在你还不知道自己错在哪儿？那你过来干吗？

不理不睬的法则就是你想清楚自己错在什么地方了再来，你自己错在什么地方都不知道，你还来道歉做什么？分明是假的，抱歉，我只接受诚心诚意的道歉。

林黛玉冷笑道："问的我倒好，我也不知为什么原故。我原是给你们取笑的，拿我比戏子取笑。""这一节还恕得。再你为什么又和云儿使眼色？这安的是什么心？莫不是他和我顽，他就自轻自贱了？他原是公侯的小姐，我原是贫民的丫头，他和我顽，设若我回了口，岂不他自惹人轻贱呢。是这主意不是？这却也是你的好心，只是那一个偏又不领你这好情，一般也恼了。你又拿我作情，倒说我小性儿，行动肯恼。你又怕他得罪了我，我恼他。我恼他，与你何干？他得罪了我，又与你何干？"

原来恼的不是比戏子，恼的是宝玉怕湘云得罪黛玉而给湘云使眼色，见出和湘云之亲密，还在黛玉之上，这是真正犯了黛玉的忌讳。

▷ 紧盯密防法和旁敲侧击法

没有别人掺和的时候，宝黛之间亲密友爱，较别个不同，日则同行同坐，夜则同息同止，言和意顺，略无参商。**一旦宝钗、湘云加入进来，红**

色天性本就不容易让人有安全感，蓝色内心本就有不安全感的种子，一经发芽，蓬勃成长。黛玉主要用两种方法降低自己的不安全感，第一招呢，叫紧盯密防法。

宝钗最避嫌，见宝玉进潇湘馆，抽身便走；闻红玉坠儿私语，装作寻人；一进角门，就要锁门，钥匙还要自己拿着；抄检虽不曾落到蘅芜苑，为避嫌，也搬出大观园，唯一撞破的，只有意绵绵静日玉生香。

黛玉最不避嫌，宝玉到梨香院比金玉，黛玉跟来，宝钗在怡红院绣鸳鸯，黛玉跟来；薛宝钗羞笼红麝串，宝玉盯着宝钗看傻了，宝玉刚动了羡慕之心，黛玉就借故失手打了呆雁；湘云刚得了金麒麟，黛玉就悄悄跟来看宝玉、湘云如何。

黛玉的语言一贯是委婉的，撞破了奇缘识金锁，只说"嗳哟，我来的不巧了！"何等尖刻、含酸，却旋又转出，"早知他来，我就不来了。"看似解释，实则话中有话，知道他来，我才要来，若他不来，我也未必来了，偏把醋意藏起。

这样紧盯密防还真有效，不仅没给宝姐姐、云妹妹和宝哥哥谈情说爱的机会，还偷听到这辈子最在意的话："林妹妹不说这样混账话，若说这话，我也和他生分了。"

听到这些，蓝色内心情绪波澜起伏，又喜又惊，又悲又叹。若是宝玉，只怕心头一热，闯将进去，黛玉却自觉无味，便一面拭泪，一面抽身回去了。

第二招呢，叫旁敲侧击法。

杜十娘明明有盛满珠宝玩器的百宝箱，却非要先让李甲筹措三百两赎身银子，眼见期限快满，无从着落，这才拿出一百五十两，让李甲另筹余数，赎身银满，又借姐妹名义，出二十两盘缠行资，始终不肯露出万贯家财。

问题是，杜十娘为什么要这样做？第一个担心，是怕李甲爱上她的钱，而不是她的人。第二点在于，杜十娘要考察，要试探，要衡量李甲的爱，要看看李甲是不是肯为自己付出。

黛玉更是变本加厉，一会儿"你怎么不去辞辞你宝姐姐来"，一会儿"你有玉，人家就有金来配你；人家有'冷香'，你就没有'暖香'去配？"冯谖试孟尝，长铗归来，事不过三，但黛玉的试探，永无止境。

每次口角，都因黛玉猜疑而起，都因宝玉赔罪而结。黛玉所求，无非是宝玉明确，自己是唯一的，两人之间的关系亲密无间，并非他人可比，一旦宝玉说出亲疏的话来，即刻消气。**黛玉心慧言巧，宝玉心中也是受用的，黛玉享受猜疑，宝玉享受被猜疑；黛玉享受被迁就，宝玉享受迁就，周瑜打黄盖，一个愿打，一个愿挨。**

宝玉有时候很有招数，甜言蜜语、赌咒发誓，先是几万声"好妹妹"，再反复声明"我往那里去呢，见了别人就怪腻的"。"你死了，我做和尚去"，又说，"我知道妹妹不恼我。但只是我不来，叫旁人看着，倒象是咱们又拌了嘴似的。若等他们来劝咱们，那时节岂不咱们倒觉生分了？不如这会子，你要打要骂，凭着你怎么样，千万别不理我。"显见得宝黛之亲，"除了老太太、老爷、太太这三个人，第四个就是妹妹了。要有第五个人，我也说个誓。"更是说到黛玉心里。这等话，便是铁石人，铁石人也动情。

有时候发了狠，还敢回嘴："只许同你顽，替你解闷儿。不过偶然去他

（宝钗）那里一趟，就说这话。"摆明了"你不是我的唯一"，这下子可闯了大祸，林妹妹的眼泪立刻吧嗒吧嗒往下掉，眼泪，永远是对付红色最有效的武器之一，本来还在那边茕茕白兔，东走西顾的宝玉也只有打叠起千百样的款语温言来劝慰，说出衣不如新、人不如故，亲不间疏、先不僭后的道理来："头一件，咱们是姑舅姊妹，宝姐姐是两姨姊妹，论亲戚，他比你疏。第二件，你先来，咱们两个一桌吃，一床睡，长的这么大了，他是才来的，岂有个为他疏你的？"这句话算是说到黛玉心里，黛玉所看重的，就是她和宝玉的关系，就是宝玉见了"姐姐"会不会忘了"妹妹"。宝玉既然已经表明了他和黛玉的关系胜过和宝钗的关系，这场争吵也就到了尽头。

▷ 爱不要轻易说出来

士可杀不可辱，黛玉索求情感、默契的同时，依然坚守对自尊的需求。不能建立在自尊之上的感情，宁可不要。你真心掏出来的，我自会百倍的回报，你轻薄调笑的话，对不起，哪怕调笑是为了示爱，如果你是我之知己，就不应该用这种方式来表达，所以你用这种方式来表达，就不是我的知己。宝玉呢，不知黛玉的心思，好好的场景就给破坏了。

本来两人好好地共读《西厢》，良辰美景、赏心乐事，宝玉偏要自比张生，比黛玉为双文："我就是个多愁多病身，你就是那倾国倾城貌。"可惜林妹妹不接招，不觉带腮连耳通红，登时直竖起两道似蹙非蹙的眉，瞪了两只似睁非睁的眼，微腮带怒，薄面含嗔，指宝玉道："你这该死的胡说！好好的把这淫词艳曲弄了来，还学了这些混话来欺负我。我告诉舅舅、舅母去。"

黛玉春困发幽情长叹"每日家情思睡昏昏"，绿窗残梦迷，正起来坐在床上，星眼微饧，香腮带赤，一边抬手整理鬓发，一边笑问宝玉："人家睡觉，你进来作什么？"实有挑情之意，宝玉不觉神魂早荡，然而该说的话不说，不该说的话总管不住，借着紫鹃调笑："若共你多情小姐同鸳帐，怎舍得叠被铺床？"比紫鹃为红娘，比黛玉作莺莺。上回只有两人，所以黛玉只不过微怒含嗔，这回当着紫鹃，蓝色下不了台，登时撂下脸来哭道："如今新兴的，外头听了村话来，也说给我听；看了混账书，也来拿我取笑儿，我成了替爷们解闷的了。"

宝玉失之轻薄，《西厢记》在当时属淫词艳曲，行酒令是不可说的，宝钗审过黛玉，老太太掰谎记狠批过。张生与莺莺是私相结合，而宝玉与黛玉虽暗自相属，却是清白的。黛玉唯视这段感情为至宝至贵，即使不排斥宝玉的暗示之意，却接受不了他以口舌轻薄的调笑方式道出。黛玉以未嫁之身，讲究矜持与洁净，对伧俗、轻薄的玩笑，其清洁的心理会有被玷污和不被尊重的感觉，忘情之时谁都有，黛玉自己偶然说错了渔翁、渔婆，先调笑宝玉戴箬笠、披蓑衣是"那里来的渔翁"，后来玩笑自己"戴上那个，成个画儿上画的和戏上扮的渔婆了"，两话相连，宝玉不曾留心，黛玉也要后悔不及，羞得脸飞红，便伏在桌上嗽个不住，何况比上张生、莺莺。所以，她的反应是，竟拿外头学来的"村话"取笑她，拿她"解闷"，不是不喜欢宝玉，是宝玉的表达方式不对。

正因为这种自尊的需求，黛玉宁可自困于情而不可自拔，也不愿如莺莺般待月西厢下。

也正因为这种自尊，黛玉也不能接受其他人关于宝黛爱情的善意调笑，尤其是在公众场合下。

凤姐儿打趣："你既吃了我们家的茶，怎么还不给我们家作媳妇？"

黛玉对凤姐直白无误的玩笑，一下子难以正面接招。自己的心事被凤姐把话挑明了说，脸上挂不住，所以羞得红了脸，一声儿不言语。凤姐的身份是当家的嫂子，外祖母跟前的红人，她的玩笑跟别人的分量自不相同。虽然凤姐这样赤裸裸地提出来，用语太白太俗，不是她喜欢的路子，但总比众人故作不知，或者在草丛里打来打去要强。黛玉的心思是要让人了解，却又不直接说出来。黛玉心里自是欢喜凤姐玩笑中表达的意思，由于她的性子又不能大鸣大放地表达心中的欢喜，所以只作佯怒，一句"贫嘴贱舌"打发过去。再看后来，玩笑被打断，赵周二姨娘来探访宝玉，"独凤姐只和林黛玉说笑，正眼也不看他们。"一方面说明凤姐很傲，另一方面，黛玉仍与凤姐说笑，很说明问题：她哪里是真恼了？

宝玉魇魔法，宝钗打趣："我笑如来佛比人还忙：又要讲经说法，又要普度众生；这如今宝玉、凤姐姐病了，又烧香还愿，赐福消灾；今才好些，又管林姑娘的姻缘了。"黛玉也是一面红了脸，啐了一口，一面摔帘子出去了。

金兰契互剖金兰语，宝钗笑道："将来也不过多费得一副嫁妆罢了，如今也愁不到这里。"因是两人之间，黛玉倒是红了脸，却不曾发作。

慧紫鹃试过了莽玉，回头来劝黛玉"趁早儿老太太还明白硬朗的时节，作定了大事要紧"，说了一大通道理，黛玉止住："这丫头今儿不疯了？"

黛玉自然知道紫鹃为她着想的一番心意，虽然句句说到她心坎里，但如果顺着紫鹃承接下来，她的面子往哪里搁？自古才子佳人传中，小姐和贴身丫鬟多是无话不说的，然而即使对亲如姐妹的丫鬟紫鹃，黛玉还是要端一下小姐架子的，也是莺莺以退为进的意思。黛玉口中虽如此说，心内未尝不伤感，待紫鹃睡了，便直泣了一夜，至天明方打了一个盹儿。分明是句句听进去的，只是嘴硬不承认而已。

海棠社起，探春赠了黛玉"潇湘妃子"的号，比出"当日娥皇女英洒泪在竹上成斑，故今斑竹又名湘妃竹。如今他住的是潇湘馆，他又爱哭，将来他想林姐夫，那些竹子也是要变成斑竹的"的典故，黛玉低了头方不言语，这种间接、婉转的赞美和对宝黛恋爱的认可才是黛玉可以接受的。

▷ 你，怎么可以不理解我

委屈，是红色性格的一个罩门，一旦红色自觉受了天大的委屈，红色的情绪化便开始宣泄。晴雯受了冤屈，死也不甘心，"我太不服。今日既已担了虚名，而且临死，不是我说一句后悔的话，早知如此，我当日也另有个道理。不料痴心傻意，只说大家横竖是在一处。不想平空里生出这一节话来，有冤无处诉。"

若是蓝色，是宁可玉碎，也要保全清白，窦娥发下六月白雪的誓愿，只为洗得清白；《二刻拍案惊奇》里的贾闰娘被妈妈几句话冤枉，分剖不得，拼着性命，悬梁自尽了。但晴雯不同，"既担了虚名，越性如此，也不过这样了"，不如"当日也另有个道理"，既然我"并没有私情密意勾引你怎样"，却被诬蔑成"狐狸精"，那我偏要做出来给你们看，因此齐根铰了左手上两根葱管一般的指甲，交给宝玉，又脱下贴身的旧红绫袄，和宝玉换了，"就算死了，也不枉担了虚名。"

宝玉一旦失去依赖，或者受人冤屈，听说什么"金玉"呀，"好姻缘"呀，潘多拉的魔盒打开，那是什么自暴自弃的事情通通做得出来，此时只有一个念头——宣泄自己的情绪，宝玉最喜欢干的就是砸玉，宣泄情绪的同时，希望借此向黛玉传达：

你冤枉我；

你不理解我；

你，怎么可以不理解我？

你不知道，那好，我来告诉你：

为了你，我可以不爱惜自己的身体，连玉这样的命根子都可以不要，连这么重要的都可以不在乎，你现在知道你对我有多重要了吧？你现在知道我有多爱你了吗？我把玉都砸了，可见我心中并无金玉之说。

黛玉误会宝玉将她绣的荷包给了小厮，赌气回房，拿起给宝玉做了一半的香袋儿就剪。宝玉见她生气，已知不妥，忙赶过来，香袋儿早被剪破了。

黛玉的礼物怎么能给人？而且还是小厮？岂不是犯了蓝色大忌？宝玉最怕有人误解，被人委屈，忙把衣领解了，从里面红袄襟上将黛玉所给的那荷包解了下来，递与黛玉瞧道："你瞧瞧，这是什么！我那一回把你的东西给人了？"

黛玉见他如此珍重，戴在里面，可知是怕人拿去之意，因此又自悔莽撞，未见青红皂白就剪了香袋，因此又愧又气，低头一言不发。感动之余，转怒为悔，明明是深切自责，偏偏不肯松口。

如此，本该皆大欢喜了罢，但宝玉的情绪化正在走向高潮，偏不知见好就收："你也不用剪，我知道你是懒得给我东西。我连这荷包奉还，何如？"明明不是起身要走，偏偏做出样子来。

黛玉见如此，越发气起来，声咽气堵，又汪汪地滚下泪来，拿起荷包来又剪。

这下宝玉可受不了了，见她如此，忙回身抢住，笑道："好妹妹，饶了他罢！""妹妹"长"妹妹"短赔不是，回归冲突解决之正途，果然黛玉伸手抢道："你说不要了，这会子又带上，我也替你怪臊的！"说着，嗤地一声笑了。

▷ 宝黛婚后会怎样

黛玉一直在努力，原先"孤高自许，目无下尘"，慢慢地注意到"那些底下的婆子丫头们，未免不嫌我太多事了"，宝钗派婆子送来燕窝冰糖，黛玉命茶、赏钱倒是常理，知道"我也知道你们忙。如今天又凉，夜又长，越发该会个夜局，痛赌两场了"却不容易，比之送宫花时如何？明知赵姨娘是顺路的人情，依然忙着赔笑、让坐、命茶；本性喜散不喜聚，也学着大家热闹，和宝钗母女一起吃饭。

长辈跟前，伶俐得紧。薛姨妈生日，备了两色针线送去，老太太游园，亲自用小茶盘捧了一盖碗茶来奉与。

黛玉闲了还要算计算计，知道荣府花销太大，告诫若不省俭，必致后手不接。宝玉却只管短不了自己的就好。

宝玉不曾为金钏努力过，不曾为晴雯努力过，不曾为家庭努力过，很难想象，他会为黛玉努力。总之花开了好，花谢了自也无可奈何，私奔是不用指望的，娶了林妹妹固然是好，娶不了，那是无可奈何，人总还要过日子的，对吧？

若是林妹妹不幸亡故，便有了藕官的先例，"若一味因死的不续，孤守一世，妨了大节，也不是理，死者反不安了。"因此，我还是会娶了宝姐姐，总有鲜花供养林妹妹就是了。低咏"十年生死两茫茫，不思量，自难忘"的苏东坡，浅唱"曾经沧海难为水，除却巫山不是云"的元稹，翻过身，纳妾娶妻，一点也不耽搁。

若是天幸，王子和公主成了亲，本该如童话般从此过着幸福的生活，鲁迅先生早就问过"娜拉走后如何？"可见戏文是不可信的。琴棋书画烟酒茶，那是"有闲"的男人，而宝玉当家，几百号人的大家族，立刻就要开始面对柴米油盐酱醋茶。

做才子的，偏偏生于帝王之家，又偏偏做了帝王，那不得不是一种悲哀。"词人者，不失其赤子之心者也。故生于深宫之中，长于妇人之手，是后主为人君所短处，亦即为词人所长处。"李后主、宋徽宗，一个是大诗人，一个是大书法家，还有通音律、有诗才的陈后主，只因命太好，朝政不修，国破家亡。宝玉算不得真正的才子，不懂世故经济，倒是一样的，若由宝玉来掌家，只怕败落得更快些。宝哥哥陪林妹妹说话的时候谁来回事，估摸宝哥哥也和木匠皇帝朱由校一样的答案：我都知道了，你们去办吧。

黛玉有算账的头脑、理家的能耐，凤姐都夸奖过，可卓文君当垆，也得有司马相如穿上围裙，和佣人、酒保一起洗盘子、跑堂子。司马相如写过千金难买的《长门赋》，可谓能上能下。老来想娶个妾，被文君一首《白头吟》"愿得一心人，白首不相离"劝得回心转意，算得上是王子和公主的幸福生活。

君子之泽，五世而斩，挽救家族的最佳机会，就是蟾宫折桂，考取功名，辅以元妃，延续家族的浩荡皇恩，可是，宝玉有理由不努力，林妹妹不曾说过这样的混账话呢。宝哥哥不曾抓住过重点，林妹妹这样说，只是因为宝哥哥不喜欢读书，若是宝哥哥高高兴兴地上学堂，林妹妹也会欢欢喜喜地送哥哥。

面对宝玉这个扶不起的阿斗，健康的宝姐姐好歹还能挨到他留下孩子考上进士，林妹妹的身子本来就弱，家里家外一折腾，思虑太过，只怕是个可卿的下场，就算万幸，撇下作诗，只顾家事的黛玉，还是宝玉心中的那个黛玉？只怕也要变成墙上的一抹蚊子血。芸娘若不是早夭，哪里来的《吃粥记》？唐晓芙嫁了人，或也就成了孙柔嘉。若如此，黛玉嫁不得宝玉，反是大幸了。

▷ 黛龄互影——龄官、彩霞

晴雯眉眼有些林妹妹的样子，然而性格却大不相同，后话另论。恋上贾环的彩霞，容貌不详，行为间倒有些林妹妹的意思。

《红楼梦》中人，名字有些混乱，大姐儿、二姐儿是一例，彩云、彩霞是另外一例，从行文看，和贾环相好的，只有一人，文中忽云忽霞，云蒸霞蔚，变幻莫名，我们权作一人解。

萝卜青菜，各有所爱。园内喜欢宝玉者甚众，晴雯悔不当初，金钏金簪

秒取你的性格色彩——
FPA 性格色彩卡牌测试

　　性格色彩卡牌是一个了不起的性格测试工具。只需 12 张牌的正反两面，就可以在 3 分钟内测出你的真实性格，帮你看到你未曾看到的自己。而且，你还可以通过不同的人对你的测试，看到别人眼中的你和自己眼中的你的巨大差别。

　　性格色彩卡牌是一个简单强大的咨询工具。两种不同的解读法，分别针对不同的个体问题。"读心神"用两张牌帮你快速进入他人内心世界；"卡神"用三张牌帮你解开自己及他人心中的纠结与迷惑；三种不同的阵法，分别对不同的关系问题抽丝剥茧："O 阵"针对情感关系，"X 阵"针对职场关系，"V 阵"针对亲子关系。

　　在过去，性格色彩卡牌师只能面对面为你做卡牌测试。令人振奋的是，现在，性格色彩学院开发了卡牌免费在线测试程序。

只需打开手机微信，扫描右侧二维码，便可开始进入通过卡牌来读人识己的绝妙世界。3分钟，快速领取属于自己的性格色彩。

请记住，测试本身只是一个自我性格认知的入口，要想真正掌握性格色彩这套实用心理学工具，最直接有效的方式是参加性格色彩线下课程学习。扫描右侧课程订购二维码，即可看到性格色彩学院全国课程表（咨询热线：400-085-8686）。

如果您暂时无法参加线下学习，可通过线上微课立即开始自学。目前提供的60讲《乐嘉性格色彩入门》和111讲《乐嘉性格色彩婚恋宝典》，直接用微信扫描右侧小程序码，即可订阅。

落井，四儿同日夫妻之语，都是心肯意肯，鸳鸯作势要打，是不肯，但真心喜欢贾环的，倒只有彩霞一个。

彩霞好意劝贾环不要折腾惹人厌，贾环反拿话堵她："我也知道了，你别哄我。如今你和宝玉好，把我不答理，我也看出来了。"彩霞"咬着嘴唇，向贾环头上戳了一指头"，说："没良心的！狗咬吕洞宾，不识好人心。"似曾相识，宝玉说去做和尚的时候，黛玉也是这般"咬着牙用指头狠命的在他额颅上戳了一下"。

彩霞只顾着贾环，宝玉也不看人眼色，以为彩霞和其他姐妹一样任他胡来，拉他的手笑道："好姐姐，你也理我理儿呢。"彩霞夺手不肯："再闹，我就嚷了。"似曾相识，下文龄官在梨香院不理宝玉就是这般模样。

宝玉掩了茯苓霜，贾环疑心彩云和宝玉要好，摔了彩云私赠之物，气得彩云哭个泪干肠断，赌气一顿包起来，乘人不见时，都撒在河内，似曾相识，黛玉剪香囊。

与黛玉容貌、性格两相似的，还是龄官，更妙在还有贾蔷做宝玉的影，演了出精巧而微的宝黛恋。

初出场是元妃省亲，喜上了龄官的戏，命多作两出，贾蔷要她作《游园》《惊梦》，龄官自为此二出原非本角之戏，执意不作，定要作《相约》《相骂》二出，和黛玉一样要安心大展奇才，压倒众人，既有机会，岂肯不遂意的。贾蔷扭她不过，只得依她作了。这"扭不过"，藏下无限风光。

第二回出场是在夏日里蔷薇架下，宝玉听有哽咽之声，悄悄地隔着篱笆洞儿一看，只见龄官蹲在花下，手里拿着根绾头的簪子在地上抠土，一面悄悄地流泪，有些林妹妹葬花的风范了，不仅动作像，而且模样也像，眉蹙春山，眼颦秋水，面薄腰纤，袅袅婷婷，大有林黛玉之态。

细细看来，原来这龄官用金簪划地，并不是掘土埋花，竟是在土上画字。画完一个又画一个，并不是作诗填词，竟个个都是"蔷"字，龄官深情，无处可诉，心里不知怎么熬煎，只得对地画蔷。葬花是林妹妹的宣泄，画蔷是龄妹妹的宣泄，二人之苦，都不可诉之于人，只能诉之于花、于地。

上半场龄官做了黛玉的影，下半场黛玉做了龄官的影。

宝玉素在女孩中颇受宠爱，有求必应，只当龄官也是一样，想起《牡丹亭》来，就要龄官唱给他听。可龄官见他进门，纹丝不动，睬也不睬，宝玉反正是做小伏低惯的，也不在意，近身坐下赔笑央求，不想龄官见他坐下，忙抬身起来躲避，倒让宝玉讪讪地红了脸。尊贵无比的北静王，不过是黛玉口中的"臭男人"，戴过的东西是碰都不想碰的。想来龄官心中，只有贾蔷一人，哪怕是凤凰似的宝玉，也要归入"臭男人"一列。

少时，贾蔷回来，买了只"会衔旗串戏台"的雀儿，唤作"玉顶金豆"，要哄龄官开心，拿些谷子哄得那个雀儿在戏台上乱窜，衔鬼脸旗帜。

众女孩都笑道有趣，只有龄官冷笑了两声，赌气仍睡去了。宝玉猜不透黛玉的心，贾蔷也猜不透龄官的心，宝玉用的是赔笑赔罪，贾蔷也是一般赔笑，只问她好不好。

黛玉常常生闷气，动不动把宝玉关在门外罚站，想来龄官也是又生了一会儿闷气，才肯说出缘故来："你们家把好好的人弄了来，关在这牢坑里学这个劳什子还不算，你这会子又弄个雀儿来，也偏生干这个。你分明是弄了他来打趣形容我们，还问我好不好。"若是雀儿给了黛玉，未必会有这么大脾气，问题是这雀儿是演戏的，龄官也是演戏的，所以见了雀儿，就想起自己。

宝玉此时最擅长的是什么？果然，贾蔷也是一般地不觉慌起来，连忙赌身立誓："今儿我那里的香脂油蒙了心！费一二两银子买他来，原说解闷，就没有想到这上头。罢，罢，放了生，免免你的灾病。"

本是一片好心，换不来好，反换来一场懊恼，真是好心没好报。龄官还没算完，又扯上其他事。龄官说："那雀儿虽不如人，他也有个老雀儿在窝里，你拿了他来弄这个劳什子也忍得！今儿我咳嗽出两口血来，太太叫大夫来瞧，不说替我细问问，你且弄这个来取笑。偏生我这没人管没人理的，又偏病。"说着又哭起来。

宝玉是个无事忙，有事更忙。贾蔷连忙要请大夫去。

龄官心里虽然领情，却不说出来，又担心心上人："站住，这会子大毒日头底下，你赌气了去请了来我也不瞧。"似水柔情，偏用冷语道出。贾蔷听如此说，只得又站住。

一段宝黛式的对话。

第七篇

黄色篇

第一章　奸雄养成史——贾雨村

▷ 当奸雄还是才子

贾雨村生得"莽、操遗容"，像戴着京戏的脸谱，一看就知道是个黄色的奸雄。**宗吾先生一部《厚黑学》，道破黄色有两大特征：脸厚、心黑。**

才子还未发迹，不免赶考路上淹蹇，暂寄庙中安身，每日以卖字作文为生，已有一两年，疑似终老葫芦庙的可能。

若是终老，算不得才子，不遇佳人，也算不得才子，不免恰逢上娇杏"临去秋波那一转"，勾起雨村渐渐磨灭的情怀，以为遇上"巨眼英雄，风尘中之知己"，娇杏不免就认作文君、红拂，自己自然是司马相如、李靖，高吟"玉在匮中求善价，钗于奁内待时飞"，中秋酒后"狂兴不禁，乃对月寓怀，口号一绝"云：

> 时逢三五便团圆，
> 满把晴光护玉栏。
> 天上一轮才捧出，
> 人间万姓仰头看。

诗虽不及刘邦"大丈夫当如是"、项羽"彼可取而代也"的大气，才子抱负，奸雄心事，远超贾政，竟也超过光武帝"做官当做执金吾，娶妻当娶阴丽华"。

要赞助也是理直气壮："非晚生酒后狂言，若论时尚之学，晚生也或可去充数沽名，只是目今行囊路费一概无措，神京路远，非赖卖字撰文即能到者。"

宝钗咏柳絮说得好："好风凭借力，送我上青云。"娇杏是雨村的第一个贵人，给了才子翻身的信心；甄士隐是第二个，给了才子翻身的机会。红色助人之心自然而发，甄士隐不待雨村说完，便道：

"兄何不早言。愚每有此心，但每遇兄时，兄并未谈及，愚故未敢唐突。今既及此，愚虽不才，'义利'二字却还识得。且喜明岁正当大比，兄宜作速入都，春闱一战，方不负兄之所学也。其盘费余事，弟自代为处置，亦不枉兄之谬识矣！"当下即命小童进去，速封五十两白银，并两套冬衣，又云："十九日乃黄道之期，兄可即买舟西上，待雄飞高举，明冬再晤，岂非大快之事耶！"

贾雨村"收了银衣，不过略谢一语，并不介意，仍是吃酒谈笑"。虽说大恩不言谢，雨村天性中觉得一来这是理所当然的，正如亦舒在《临记》中感叹："人会念旧？不是你提拔他，而是他自己有出息。"二来是现在再多的感谢，都是废话，要报恩，春风得意之后才有资格。

厚，是雨村的天分。前之甄士隐邀之归家，离席另会他客，一去不返，雨村竟无一点愠色；后来革职，雨村心中虽十分惭恨，面上却全无一点怨色，仍是嬉笑自若；以进士身份，谋为甄宝玉、林黛玉家教，不为别的，只为终南捷径，因之进京，贾雨村另船依附黛玉而行，这做老师的，反要依附门生，尚且谢不释口，刘备依陶谦、依吕布、依曹操、依袁绍、依刘表、依孙权，这套厚学功夫，算是学到了家。

第二日甄士隐醒来，想帮人帮到底，"意欲再写两封荐书与雨村带至神都，使雨村投谒个仕宦之家为寄足之地。"可惜碰到雨村，根本不在乎什么"十九日乃黄道之期"，五更天就进京去了，留下话来："读书人不在黄道黑道，总以事理为要，不及面辞了。"

"总以事理为要"这六个字道破天机。至于偶然回顾的娇杏，雨村明白，只有长安及第，暮登天子堂，单相思也好，两情悦也好，水到渠成。君不见《西厢记》《牡丹亭》，纵然张生君瑞是"文章魁首"，柳生梦梅是"偷天妙手绣文章"，也需金榜题名、状元及第才得团圆，后来巧遇娇杏，谐了鱼水。

娇杏隐在门内张望，雨村坐在轿里视察，这一眼，就认出来，想来当年娇杏那一眼于雨村是何等的重要，何等的铭刻在心！到底是才子成就了佳人，还是佳人成就了才子？雨村讨了回来，后来又扶作正室夫人，也算是有情有义的种。这时候，才子还是才子，还没有蜕化为奸雄。

▷ 奸雄的蛇蜕

葫芦僧乱判葫芦案，门子详述来龙去脉，冯家无势，护官符上贾薛诸家联络有亲，又说出所争婢女即甄士隐失散之女甄英莲，雨村犹豫之际，门子冷笑"老爷说的何尝不是大道理，但只是如今世上是行不去的"，说出"大丈夫相时而动""趋吉避凶者为君子"的道理之后，真正打动雨村的一句正是：

"依老爷这一说，不但不能报效朝廷，亦且自身不保，还要三思为妥。"

一边是甄士隐雪中送炭、慷慨解囊之情，皇上起复委用、重生再造之隆恩，一边是自家的仕途命运。

> 然而，如果我们要追究黄色忘恩负义，怒斥黄色重利轻义，黄色一定会反弹：只有功成名就，才能造福天下百姓，实现"人间万姓仰头看"，否则一切都是空谈。

为了事业，勾践拿着西施去施美人计，吕不韦把怀孕的小妾送给异人，武后掐死自己的女儿嫁祸政敌，我连自己的女人或者女儿都可以不要，你又怎么能指望我考虑恩人的女儿呢？

至于恩人，刘邦杀了私放自己的丁公，振振有词："丁公为项王臣不忠，使项王失天下者也。"下邳城破吕布被缚之际，指望刘备念在辕门射戟之恩，劝说曹操收留自己，刘备落井下石"君不见丁原董卓之事乎？"提醒曹操不要忘记吕布绰号"三姓家奴"、屡次背叛，终于把吕布送上了断头台，为雨村做了很好的注脚。

这一边还是恩义，那一边成了"人间万姓"的幸福，天平立刻倾斜。

雨村低头细思了半日，此中煎熬，非过来人不能道，方说道："依你怎么样？"雨村终于成长为一个仕途上的战士，才子蛇蜕为奸雄。

再无一点半点考虑甄英莲，也不曾记起当年答应过她外公封肃要"我自使番役"，将英莲"务必探访回来"。雨村觉得，已经给了甄士隐之妻"许多物事，令其好生养赡，以待寻访女儿下落"，已经是报恩了。

▷ 葫芦僧之死

葫芦僧聪明得很，当沙弥、做门子不过都是生意，哪个轻省热闹做哪个，一点也不糊涂。雨村一上任，葫芦僧明白机会来了，把护官符放入口袋，随时准备使眼色。雨村不是傻子，或当发签之时，正在寻觅这一个眼色、一声咳嗽，停了签，退了堂，延入内室。

门子见了雨村，忙上来请安，貌似恭敬，实则傲慢，反复点出旧交之情，以图进身之阶：

"老爷一向加官进禄，八九年来就忘了我了？"

"老爷真是贵人多忘事，把出身之地竟忘了，不记当年葫芦庙里之事？"

"这人算来还是老爷的大恩人呢！他就是葫芦庙旁住的甄老爷的小姐，名唤英莲的。"

陈胜在垄上辍耕怅恨，豪言壮语"燕雀安知鸿鹄之志"，许下诺言"苟富贵，无相忘"。待到陈胜为王，佣友来访，拦路大呼陈涉，陈胜以前的名字，埋下祸根，陈胜"乃召见，载与俱归"。这个佣友不知死活，跟人大讲特讲陈涉佣时旧事，终于犯了大忌，"斩之"，罪名是"妄言，轻威"。

如果上位者自己讲出来，那又不同。韩信受封楚王之后，给饭吃的漂母，赐给千金，赶走他的南昌亭长，赐给百钱，让韩信受胯下之辱的少年，召为楚中尉。告诸将相曰："此壮士也。方辱我时，我宁不能杀之邪？杀之无名，故忍而就於此。"过去的羞辱，成为现在的荣耀。

接下来，门子犯了第二个不可饶恕的错误，夸能恃才：

"老爷既荣任到这一省，难道就没抄一张本省'护官符'来不成？"

"不瞒老爷说，不但这凶犯的方向我知道，一并这拐卖之人我也知道，死鬼买主也深知道。"

"这且别说，老爷你当被卖之丫头是谁？"

杨修恃才，解得"黄绢幼妇，外孙齑臼"，识得丞相非在梦中，懂得门内添活字，终于鸡肋事犯，被曹操借扰乱军心之名杀了。

夸完能，恃完才，门子继续犯了第三个更严重的错误：侮上。

为了搞清来龙去脉，雨村反复地诱问门子：

"如你这样说来，却怎么了结此案？"

"只目今这官司，如何剖断才好？"

"依你怎么样？"

这门子不知死活，把隐忍看作请教，口里虽然还是老爷、小人的说话，其实以雨村的老师自居：

"老爷当年何其明决，今日何反成了个没主意的人了！"

"老爷说的何尝不是大道理，但只是如今世上是行不去的。"

"小人已想了一个极好的主意在此。"

> 黄色领导最反感下属恃才侮上，杨修单一个恃才的毛病，虽终不免一死，却还活到七十二回；祢衡恃才侮上，两条俱犯，裸衣骂曹，逃过曹操，逃过刘表，终究没有逃过黄祖的屠刀，自出场至退场，不过半回光景。

贾雨村自己也曾经在上面栽过跟头，初入仕途时虽"才干优长"，因"恃才侮上"，被上司寻了个空隙，参了一本，参他"生情狡猾，擅纂礼仪，且沽清正之名，而暗结虎狼之属，致使地方多事，民命不堪"，即行革职。

门子的话，雷霆般地响彻，雨村终于明白了自己以前是如何被上司拉下马的。

韩非子作了篇《说难》，专门讲说客的功夫，实行起来颇不易，自己也客死狱中。葫芦僧不明白兔死狗烹鸟尽弓藏，明白这个道理的范蠡，可以再致相位，三致千金，不明这个道理的文种，落得赐剑自刎的下场。

果然，贾雨村因"此事皆由葫芦庙内之沙弥新门子所出，雨村又恐他对人说出当日贫贱时的事来，因此心中大不乐意。后来到底寻了个不是，远远地充发了他才罢。"更重要的原因是，贫贱尤可恕，忘恩负义不可恕，君不见包公铡了陈世美，这样的把柄，哪能落在他人手上？凤姐要旺儿治死张华，一样是斩草除根的手段。

雨村天生厚脸，迈过心理、技术两道关卡，用英莲和门子的命运书写了两份投名状，贾雨村从此青云直上。七八年后，王子腾从九省统制升了九省都检点（大军区总司令），职权基本没变，贾政才从员外郎（副司长）磨到外放学差（省教育厅厅长），雨村已经从一个知府（地级市市长）成长为大司马，协理军机参赞朝政，略等于国务委员兼国防部长，速度之快，《红楼梦》里许为第一。

同年，雨村为几把扇子害得石呆子家坑业败，成为平儿口中"半路途中那里来的饿不死的野杂种"，"心黑"已经修炼到家，做惯做熟，日后贾府没落，不踩上一脚才是怪事。

第二章 李 纨

▷ 形固可使如槁木

李纨与凤姐同为第四代媳妇，但不为重用，原因有几点：

一、有德无才。李纨是"金陵名宦"李守中之女，"族中男女无有不诵诗读书者"，李守中做过国子监祭酒，即国家最高学府的校长，信奉"女子无才便是德"，所以为她取字"宫裁"，是要"以纺绩井臼为要"。

李纨读书不多，但天分不错，写不得诗，却善评，是诗社第一评论家，但见识不广，对经济管理一窍不通，又不惯于出头露面、指手画脚。

二、年轻守寡。嫁给贾珠，一个十四岁进学的天才，按贾母孙媳妇"模样、性格"两条的标准，李纨定也温柔美丽，郎才女貌，镜里恩情、绣帐鸳衾，从李纨的放声痛哭想来，这对少年夫妻感情也不错。本期盼永偕白首，却突又天人两隔，幸而留下一个儿子。

按贾府的规矩，"寡妇奶奶们不管事，只宜清净守节"，未来她的任务就是充任大家族里供着的活牌坊，显示贾府的大家规矩。

三、不受宠。老祖宗喜欢能言善道、会哄她开心的，李纨本无这方面的才能，又因守寡不可折腾，因此，在老祖宗跟前争宠轮不到她。老祖宗要带着刘姥姥逛大观园，李纨清晨先起，预备桌椅器皿，又想到"恐怕老太太高兴"，备下了游船，可惜老祖宗只说："他们既预备下船，咱们就坐。"连名都没提及，有苦劳却没有功劳。

对婆婆王夫人而言，儿子的未亡人不如内侄女亲，且又比不上凤姐能干。

因而李纨"虽青春丧偶，居家处膏粱锦绣之中，竟如槁木死灰一般，一概无见无闻，唯知侍亲养子，外则陪侍小姑等针黹诵读而已"。

和姐妹们看书写字、学针线、学道理之外，基本上不介入贾府的政治生活，平时待人接物，原是个厚道多恩无罚的，诨名"大菩萨"，俗称"老好人"。凤姐生病，王夫人将家中琐碎之事，一应都暂令李纨协理，探春、宝钗合同裁处，李纨"究竟也无可管，不过是按例而行"。

一旦有事，李纨的第一反应是躲。贾琏、凤姐打平儿，是李纨早把平儿拉入大观园去；鸳鸯在贾母前哭诉贾赦强婆，李纨生怕姊妹们听见不该听的话，早带了姊妹们出去。宝玉、湘云吃鹿肉，李纨忙说："你们两个要吃生的，我送你们到老太太那里吃去。那怕吃一只生鹿，撑病了不与我相干。这么大雪，怪冷的，替我作祸呢。"

她不去占别人的便宜，也绝不让自己吃亏；她不去争权夺利，也不要人动她的钱；她不给别人制造麻烦，也不希望别人给她添麻烦。总之，不赊不借，两不相欠，"竹篱茅舍自甘心""不问你们的废与兴"，她牢牢地划定了势力范围，守着自己的一亩三分地。

这一亩三分地中，重要的是银子，最重要的就是贾兰。虽说武有花木兰、文有黄崇暇，古代大多数女人还是依着丈夫，以丈夫的成功为成功，而守寡的母亲把一切希望寄托在儿子身上，以儿子的成功为成功。教出来的儿子也是个极省事的，众顽童闹学堂，有人飞砚误中贾菌，贾菌气得抓起砚砖来要飞去回敬，贾兰忙按住砚，极口劝道："好兄弟，不与咱们相干。"少年老成，似李纨口气。

孟母三迁、断机杼，是出名的典故，孔子的寡母颜徵，是不出名的典故，李纨对孩子的教育，在《红楼梦》中书写得不多，想来也是如此。可惜贾兰"威赫赫爵位高登"之时，却是李纨"昏惨惨黄泉路近"之时，"也只是，虚名儿与后人钦敬"。

▷ 心固可使如死灰乎

可是，形固可使如槁木，而心固可使如死灰乎？

黄色示弱，只是情势所逼，一旦时过境迁，立刻露出爪牙。

李纨平时很少有真情流露，只哭过两回：宝玉挨打，王夫人哭起贾珠，李纨禁不住也放声哭了。螃蟹宴上，因平儿触动心事，说："想当初你珠大爷在日，何曾也没两个人。你们看我还是那容不下人的？天天只见他两个不自在。所以你珠大爷一没了，趁年轻我都打发了。若有一个守得住，我倒有个膀臂。"说着滴下泪来。

本来是半截埋在土里的活牌坊，到了大观园，自由之风吹来，我们看到别样的李纨。

黄+红的探春邀众姐妹结社海棠，红色的宝玉正大大咧咧地鼓噪"这是一件正经大事，大家鼓舞起来，不要你谦我让的。各有主意自管说出来大家平章。"蓝色的黛玉还在推托"你们只管起社，可别算上我，我是不敢的"，李纨进门第一句"雅的紧！要起诗社，我自荐我掌坛。"诗社未起，先说掌坛，这句话，让我们领会到，**李纨绿色的外表下掩藏着黄色的内心。**

李纨接着说："前儿春天我原有这个意思的。我想了一想，我又不会作诗，瞎乱些什么，因而也忘了，就没有说得。既是三妹妹高兴，我就帮你作兴起来。"不动声色而居功。黛玉要改了"姐妹叔嫂的字样"，李纨不仅率先为自己取了"稻香老农"的别号，还封宝钗为"蘅芜君"。李纨称呼二姑娘四姑娘，探春指出"已有了号，还只管这样称呼，不如不有了。以后错了，也要立个罚约才好。"李纨即刻驳回"立定了社，再定罚约"，规则由我，我定了规则，为的是管你们，不是为了管我自己。

又说："但序齿我大，你们都要依我的主意，管情说了大家合意……我那里地方大，竟在我那里作社……若是要推我作社长……必要再请两位副社长……一位出题限韵，一位誊录监场……你们四个却是要限定的。若如此便起，若不依我，我也不敢附骥了"，当仁不让，"不会作诗"的反做社长，还拉了迎、惜二人做帮手，迎春本是挂名"出题限韵"的，后来竟也抹倒："方才我来时，看见他们抬进两盆白海棠来，倒是好花。你们何不就咏起他来？""从此后我定于每月初二、十六这两日开社，出题限韵都要依我。"探春不服："只是自想好笑，好好的我起了个主意，反叫你们三个来管起我来了。"奈何没人响应，只得让步："只是原系我起的意，我须得先作个东道主人，方不负我这兴。"探春何等能干，原是起社人，也被她几句带着身份的话压住了口，李纨哪里是个任人拿捏的软柿子！

咏海棠众人都说以潇湘妃子为上，李纨道："若论风流别致，自是这首；若论含蓄浑厚，终让蘅稿。"宝玉提出异议时，李纨不容分说："原是依我评论，不与你们相干，再有多说者必罚。"

黛玉笑李纨道："这是叫你带着我们作针线教道理呢，你反招我们来大顽大笑的。"李纨笑道："你们听他这刁话。他领着头儿闹，引着人笑了，倒赖我的不是。真真恨的我只保佑明儿你得一个利害婆婆，再得几个千刀万恶的大姑子小姑子，试试你那会子还这么刁不刁了。"

夜宴怡红，黛玉对钗、纨、探三位管家玩笑，"你们日日说人夜聚饮博，今儿州官放火，以后如何禁百姓点灯？"竟是李纨回答："这有何妨。一年之中不过生日节间如此，并无夜夜如此，这倒也不怕。"

掌坛社长、出题限韵、评论仲裁，一概把持，哪里还有一点"大菩萨"的影子？

当社长倒也实在，不仅时常通知"今儿是正经社日，可别忘了"，"下了雪，要商议明日请人作诗呢。"惜春告假画大观园，李纨召集讨论："社还没起，就有脱滑的了，四丫头要告一年的假呢。"宝玉私祭金钏迟了社，李纨道："今儿凭他有什么事，也不该出门……第二件，又是头一社的正日子，他也不告假，就私自去了！"再请了凤姐做监社御史，罚宝玉把各人屋子里的地打扫一遍。

请监社御史一段，李纨、凤姐，两个"水晶心肝玻璃人"PK，煞是好看。凤姐儿猜着"分明是叫我作个进钱的铜商"，给李纨算账，"亏你是个大嫂子呢！……一年通共算起来，也有四五百银子。这会子你就每年拿出一二百两银子来陪他们顽顽，能几年的限？他们各人出了阁，难道还要你赔不成？"

听凤姐点了她的命门，李纨有些恼，竟发了威："你们听听，我说了一句，他就疯了，说了两车的无赖、泥腿、市俗，专会打细算盘、分斤拨两的话出来……"暗地里噼里啪啦算盘珠子乱响，明面上大珠小珠落玉盘，半玩笑半当真的针锋相对，这还是平日里的李纨？

借着身后众姐妹的威风，说得伶俐如凤姐都不得不避其锋芒，又是认错，又是赔不是，又是拿话岔开，又是哀告，可李纨并不放过："我且问你：这诗社你到底管不管？"凤姐只得告饶，先放下五十两银子做东道了结此事。这哪里是绿色，分明比凤姐更"黄"。

第三章　其他黄色人物

▷ 机遇垂青有心人——小红

小红本名林红玉，是管家的女儿，父亲林之孝、母亲林之孝家的都是实权人物，挑了清幽雅静的怡红院，不幸分到宝玉，一干丫鬟个个能牙利爪，端茶递水在宝玉面前现弄的活都轮不上，只配浇花喂雀笼茶炉，因此虽然着实妄想痴心地向上攀高，倒也耐得住性子，也不曾在怡红院大叫："我上面有人！"

机遇总是垂青有心人，这一日，宝玉要吃茶，袭、晴、麝一干人俱不在，只有两三个老嬷嬷在旁，宝玉如何肯让"鱼眼睛"倒茶，宁可自己动手，小红得空便入："二爷仔细烫了手，让我来倒。"一面说，一面走上来，早接了碗过去。几番对答，回了贾芸的事，让宝玉留了心。

才有些消息，不想正巧遇上秋纹、碧痕，一场恶言恶语，让小红心内早灰了一半；宝玉又顾虑着袭人的心情，不好叫上来使用，终究是隔花人远天涯近错过了。灰心之余，红玉果断地退出，另寻方向，于是就有遗帕惹相思、设言传蜜意，终于得成正果。

红玉往蘅芜苑取东西，路遇李嬷嬷奉宝玉之命，去叫贾芸。红玉慢慢套问：

"李奶奶，你老人家哪去了？怎打这里来？"

"你老人家当真就依了他去叫了？"

"既是进来，你老人家该同他一齐来，回来叫他一个人乱碰，可是不好呢。"

问清情况，红玉慢慢走，"刚走至蜂腰桥门前，只见那边坠儿引着贾芸来了"。这"刚"字，显见是红玉私心有意为之，为自己创造了机遇。两人各怀心思，贾芸一面走，一面拿眼把红玉一溜；那红玉只装着和坠儿说话，也把眼去一溜贾芸，四目相对，眉眼传情未了时，红玉不觉脸红了。为双文，争不曾转，为张生，争转。

贾芸也是个聪明人，本就喜欢红玉说话简便俏丽，办完事出了怡红院，见四顾无人，便把脚慢慢停着些走，口里一长一短和坠儿说话套问："几岁了？名字叫什么？你父母在那一行上？在宝叔房内几年了？一个月多少钱？宝叔房内总共有几个女孩子？"和红玉套问李嬷嬷同一手法。

最后说到自己捡到了红玉遗失的手帕，心中早得了主意，把自己的一块取了出来交给坠儿，可怜坠儿实不知情，倒替贾芸红玉传递信物，这才有了"滴翠亭杨妃戏彩蝶"的公案。

看红玉套问李嬷嬷、贾芸套问坠儿，看贾芸拿了自己的手帕给坠儿，而红玉毫不犹豫地对坠儿说："可不是我那块！拿来给我罢。"红玉、贾芸可谓天生一对。

抓住了爱情，还要抓住事业，这边刚交接了帕子，那已看见凤姐站在山坡上招手叫，偏偏只有红玉这个有心人看见，连忙弃了众人，跑至凤姐前笑问："奶奶使唤做什么？"立下军令状："奶奶有什么话，只管吩咐我说去。若说不齐全，误了奶奶的事，凭奶奶责罚罢了。"

抓机遇，一是要有心，宝玉倒茶，凤姐挥手，有心人本有心，盘算了好久，准备了好久，注意了好久，才能得到此种机会。纵然没有百年修得同船渡这么艰难，宝玉入园好几个月，才有这么一个七八个大丫鬟统统不在的空子，凤姐身边没人更是难得一见，都给遇上了。

二是要有能力，单有机会，没能力抓也白抓。看小红交差回事连说了五个奶奶："平姐姐说：我们奶奶问这里奶奶好。原是我们二爷不在家，虽然迟了两天，只管请奶奶放心。等五奶奶好些，我们奶奶还会了五奶奶来瞧奶奶呢。五奶奶前儿打发了人来说，舅奶奶带了信来了，问奶奶好，还要和这里的姑奶奶寻两丸延年神验万全丹。若有了，奶奶打发人来，只管送在我们奶奶这里。明儿有人去，就顺路给那边舅奶奶带去的。"

关系错综复杂，连李纨都如坠雾中，红玉竟能说得简断齐全，为凤姐赏识，要红玉做干女儿，又问红玉愿不愿意跟着自己，红玉回："愿意不愿意，我们也不敢说。只是跟着奶奶，我们也学些眉眼高低，出入上下，大小的事也得见识见识。"既透出愿意，又奉承了凤姐。

红玉在贾芸、宝玉、凤姐前，得空便入，三次机会，次次抓住，一击不中，翩然远举，和贾芸暗通款曲，最终应该也是嫁了贾芸，又如愿以偿跟了凤姐，可谓能者。日后狱神庙中，也算有始有终。

▷ 娘家面前很主子，夫家面前很奴才——邢夫人

贾府媳妇中，史太君、王夫人、李纨、王熙凤、秦可卿是原配夫人，史

太君、王夫人、凤姐三个出自史、王两大家族，李纨、可卿也是仕宦之家，尤氏、邢夫人是填房，家境并不好。

邢夫人在娘家是老大，把持一应家私，出了阁的二妹不算，在家的三妹并弟弟邢大舅一应用度都由陪房王善保家的掌管，想要钱都不容易，气得邢大舅跟她赌气翻脸。

鲁迅先生说过，"做主子时以一切别人为奴才，则有了主子，一定以奴才自命"，回到夫家，自知是填房，家庭地位远不及贾府，又在大黄色贾赦的压抑下，因此只知贾赦面前作奴才状，承顺以求自保，家下一应大小事务，俱由贾赦摆布。

顺承贾赦的同时，被压抑的黄色便发挥在管教子女和出入银钱事务上，一经她手，克啬异常，美其名曰"须得我就中俭省，方可偿补"，听说鸳鸯借当，问贾琏要了二百两银子封口费，对投奔来的侄女邢岫烟不理不管，一个月二两银子的使用，反要叫她省出一两来给爹妈送出去，逼得岫烟天气尚冷就不得不换了夹衣，把棉衣当作盘缠。

在丈夫面前是奴才，在儿女、媳妇面前就是主子，对贾赦不敢大声，对儿子贾琮、女儿迎春却又极凶。训迎春没管教乳母，训贾琮黑眉乌嘴，主要是为了自己的面子着想。

若说真心实意管教子女倒也罢了，偏邢夫人声称"倒是我一生无儿无女的，一生干净，也不能惹人笑话议论为高。"面对女婿胡作非为，女儿迎春的哭诉，邢夫人"本不在意，也不问其夫妻和睦，家务烦难，只面情塞责而已"。

老太太不喜欢贾赦，邢夫人连带着不能管荣国府的大事，只能管管自己院子的小事，借了绣春囊还想叫板王夫人，却被查出迎春的丫鬟司棋出了问题，只好偃旗息鼓，把气撒在借调过去管事的贾琏儿媳凤姐身上，多有挑剔，为秋桐数落凤姐、贾琏："不知好歹的种子，凭他怎不好，是你父亲给的。为个外头来的撵他，连老子都没了。你要撵他，你不如还你父亲去倒好。"其实还是为讨好贾赦。甚至为一个陪房的亲戚当众给凤姐没脸，这就是"嫌隙人有心生嫌隙"。

贾赦小老婆左一个右一个，嫣红、翠云、娇红，还不算秋桐这帮丫鬟，贪多嚼不烂，邢夫人只怕得罪了贾赦，不敢劝，贾赦看上了贾母的丫鬟鸳鸯，邢夫人还要四下张罗，想法子去说媒，叫来王熙凤商量。尤氏是"过于从夫"，但尤氏之绿，善待众人。而邢夫人只知顺承夫意，面对凤姐，又是另一副脸孔。

王熙凤深知这鸳鸯乃是贾母身边第一得用的人，老太太怎么肯放？便劝了几句。邢夫人便冷笑："我叫了你来，不过商议商议，你先派上了一篇不是，也有叫你去的理？自然是我说去。你倒说我不劝，你还不知道那性子的，劝不成，先和我恼了。"

凤姐是何等伶俐人，知道邢夫人"又弄左性，劝了不中用"，劝既不成，急转直下，又说了一通自己也不信的话，说得邢夫人心花怒放，又不敢走，知道邢夫人"是多疑的人"会疑心自己"走了风声"，便耍了花招，和邢夫人一起过来，一过荣府，就躲将起来。

邢夫人的行为，为众人所不满，上至婆婆贾母、平辈中妯娌尤氏、胞弟邢德全，下至儿子贾琏、儿媳凤姐、侄女探春，众怒所归，哀哉是人。

▷ 宋江的招式——贾芸、贾蓉

按辈分，宝玉是贾芸的叔叔，按年纪，路遇时贾芸十八岁，比宝玉大四五岁。宝玉这红色开了很过分的一个玩笑："你倒比先越发出挑了，倒象我的儿子。"

谁知这贾芸最伶俐乖觉，笑道："俗语说的，'摇车里的爷爷，拄拐的孙孙'。虽然岁数大，山高高不过太阳。自从我父亲没了，这几年也无人照管教导。如若宝叔不嫌侄儿蠢笨，认作儿子，就是我的造化了。"为了温饱，一点点自尊算什么？单这一句，隐约想起那个拿着宗侄名帖的贾雨村，也见证了贾芸日后必然发达。

为管和尚道士的事，贾芸先求贾琏，贾琏脸软心慈，搁不住人求两句便依了，凤姐儿几句话，又给了贾芹。知事不遂，贾芸一路思量，想出一个主意来，什么主意？宋江的拿手第一招：银子。

李宗吾读遍二十四史，只看到两个字"厚黑"，我读遍《水浒传》，也只看到两个字"银子"，宋江开路，全是银子，大如武松、李逵卖了十两银子，小如薛永卖了五两银子，顶缸的唐牛儿，该打的杀威棒，都是银子搞定。

虽说是银子，送谁、什么时候送、以什么名义送，的确是一门学问。柴进管待良久，得不到武二郎的心，不及宋江"及时"十两纹银，所以宋江叫作"及时雨"，重不在"雨"，而在"及时"。

贾芸打听贾琏出了门，方来见凤姐。于端午正需采买香料药饵的时节，送冰片、麝香，可谓深得宋江真传，送香料尤在送银子之上，更于青山之外，翻出青山来。

果然凤姐心下又是得意又是欢喜，贾芸借此把贾琏丢开："求叔叔这事，婶婶休提，我昨儿正后悔呢。早知这样，我竟一起头求婶婶，这会子也早完了。谁承望叔叔竟不能的。""如今婶婶既知道了，我倒要把叔叔丢下，少不得求婶婶好歹疼我一点儿！"

好劲使在刀刃上，贾芸无疑是内中高手，必不会久居人下，惜不知曹公如何编排贾芸的结局。

银子对且只对江湖之士有用，对于讨伐的将领，宋江用第二招：磕头。喝退军卒，亲解其缚，扶上正中交椅，纳头便拜、叩首伏罪，最狠是让位，关胜、呼延灼、董平，都拜倒在这招之下。

雨村学得宋江厚黑结合的本事，一边道貌岸然似劝架"冤仇可解不可结"，一边毫不手软地杀刘高、杀黄文炳，拿着人心做了醒酒汤，顺带全家老小，数十人口，一个不留的灭族手法。

然而《红楼梦》里最无耻的脸，还数贾蓉。贾蓉的功夫，全在脸厚。

贾蓉貌似是最温顺的，无论是偷懒乘凉、挨老爸贾珍的啐，还是婶子凤姐跟前借玻璃炕屏，都是垂手侍立，毕恭毕敬，然而变脸奇快，热孝之中，一会儿还是哭得喉咙都哑，一会儿又在和姨娘调笑，一会儿抱着丫头们亲嘴，一会儿又跪在姨娘面前求饶，一会儿被尤二姐嚼了一嘴渣子吐了一脸，贾蓉用舌头都舔着吃了。光这项唾面自干的本领，已经令人叹服，居然还振振有词地拿着脏唐臭汉来做盾牌，完全没有一点自觉。

酸凤姐大闹宁国府，"急的贾蓉跪在地下碰头……磕头有声……只跪着磕头……又磕头不绝"，满口自称儿子，"都是儿子一时吃了屎，调唆叔叔作的。""只求婶子责罚儿子，儿子谨领。""儿子糊涂死了，既作了不肖的事，就同那猫儿狗儿一般。""原是婶子有这个不肖的儿子，既惹了祸，少不得委屈，还要疼儿子。"自己举手左右开弓打了自己一顿嘴巴子，只求姑娘婶子息怒。

勾践靠着这份"厚"功灭了夫差，可惜贾蓉这本事只用在女人身上，武功本无所谓正邪，正邪在乎人心。

▷ 饶你奸似鬼——尼道列传

《红楼梦》里面，尼姑、道婆都比和尚、道士厉害，清虚观的张道士号称国公爷的替身，封为大幻仙人、终了真人，做个媒，还被贾母驳了回；天齐庙的王一贴，也只敢卖狗皮膏药似的疗妒方，连宝玉这样的呆子都瞒不过去；最厉害的只有智通寺老僧，有些《天龙八部》中扫地僧的模样，把见多识广的贾雨村唬得一愣一愣。

再来看尼姑、道婆，个个化缘有法，生意经了得。

马道婆进荣国府，遇上宝玉烫伤，乘机哄老太太供奉，开口就是南安郡王府里的太妃一天是四十八斤油，锦田侯的诰命一天二十四斤油，老太太略一思忖，马道婆立刻猜到心思，是怕为宝玉一个小儿，费了钱多，不能服众的，转口就说："还有一件，若是为父母尊亲长上的，多舍些不妨；若是象老祖宗如今为宝玉，若舍多了倒不好，还怕哥儿禁不起，倒折了福。也不当家花花的，要舍，大则七斤，小则五斤，也就是了。"贾母心悦诚服，准了一日五斤的供奉。

转过身，就来哄赵姨娘，先探口气，"也亏你们心里也不理论，只凭他去。倒也妙"，然后指明"明不敢怎样，暗里也就算计了，还等到这如今！"然后推搪"我那里知道这些事"，见了银子和欠契开了眼，并不顾青红皂白，竟从裤腰里掏出现成的纸人纸鬼来，要害寄名的干儿子。

芳官、蕊官、藕官三人不肯跟了干娘，寻死觅活，只要剪了头发做尼姑去。干娘们来回王夫人，以进为退地说宁愿依了她们，王夫人果然不许，水月庵的智通与地藏庵的圆信正好在旁，巴不得又拐两个女孩子去作活使唤，因都向王夫人道："咱们府上到底是善人家。因太太好善，所以感应得这些小姑娘们皆如此……如今这两三个姑娘既然无父无母，家乡又远，他们既经了这富贵，又想从小儿命苦入了这风流行次，将来知道终身怎么样，所以苦海回头，出家修修来世，也是他们的高意。太太倒不要限了善念。"说得王夫人善念一起，从了两位姑子的主意，从此芳官跟了智通，蕊官、藕官二人跟了圆信，各自出家去了。

哄老太太、哄太太，都不算大本事，哄凤姐那是真本事，净虚求了张金哥的事，凤姐不许，净虚激将："虽如此说，张家已知我来求府里，如今不管这事，张家不知道没工夫管这事，不希罕他的谢礼，倒像府里连这点子手段也没有的一般。"

激将法，对付红色极有效，猪八戒总是拿着妖怪来激孙悟空，每激每成，貂蝉激吕布："君如此惧怕老贼，妾身无见天日之期矣！"

凤姐也是个激将法的高手，看她激秋桐："你年轻不知事。他现是二房奶奶，你爷心坎儿上的人，我还让他三分，你去硬碰他，岂不是自寻其死？"

即便如此，自己也受不得激，发了兴头，说："你是素日知道我的，从来不信什么是阴司地狱报应的，凭是什么事，我说要行就行。你叫他拿三千银子来，我就替他出这口气。"

第八篇

宝钗的爱情

▷ 爱，可燃烧，或存在

汤显祖说"情不知所起，一往而深"；张潮说"情之一字，所以维持世界"。

黛玉、宝钗，是有个先来后到，可爱上一个人，身不由己，心也不由己，哪还顾得上先来后到，"如果你深深爱着的人，却深深地爱上了别人，有什么法子？"还有先来的兄妹情深，后到的干柴烈火，华筝和郭靖青梅竹马，婚约傍身，傻小子终究爱上了黄蓉；令狐冲和小师妹青梅竹马，思过崖才面壁，还没转身，岳灵珊已唱起了小林子的福建山歌"妹妹，上山采茶去"，所以"蛋几宁施，各必踢米"，但尽人事，各凭天命。

加缪说："爱，可燃烧，或存在。"**黄色的宝钗于恋爱和婚姻二者，清醒地认识到，恋爱也是要结婚的，因此重点在于婚姻。而黛玉的重点在于恋爱。**

络玉、射覆二节，可见宝钗心思在金玉之上，然而黛玉何尝不是？宝钗打趣黛玉如来佛比人还忙，又管林姑娘姻缘的时候，当然想到了金玉良缘，黛玉在打趣宝钗唯有这些人戴的东西上越发留心，也就显出自己的留心。黛玉心思全在宝玉身上，宝钗何尝不是？黛玉夜访宝玉的时候，宝钗不正在怡红院内？宝玉挨打，黛玉哭得梨花带雨，宝钗何尝不是心里也痛？而两人性格不同，因此手段不同，见地也不同。

宝钗自然喜欢宝玉，否则宝钗拿了鸳鸯戏莲的肚兜，怎么绣得下去？又如何在送药时说错了话、红了脸、娇羞怯怯低下头，只管弄衣带？但宝钗接受不了心上人不够强大的事实，她看到他有很多缺点，尤其是他的软弱和不上进，离自己的理想对象有很大差距，所以她意图改造他。

而黛玉的喜欢就不同了。她喜欢整个的他，包括他所谓的缺点，宝玉不喜欢读书，那就不读书好了，不喜欢仕途经济，那就不要往这条路上走。她并不想改变他，只要他一心待她，拱手山河让与又如何？她的小性儿小脾气都可以收敛。

哪一种才是真爱？是全盘接受对方，任由他滑下去，然后自己一起坠落，还是拉他一把，一起好好活着？

宝钗的宽容与黛玉的计较，宝玉取的是后者。在宝玉心里，"凡远亲近友之家所见的那些闺英闱秀，皆未有稍及林黛玉者"。梦里的那一句"什么是金玉姻缘，我偏说是木石姻缘！"宝钗怔了，破碎。

宝玉和爱情是黛玉生命的全部，失却宝玉和爱情，黛玉一无所有，而宝钗尚有其他，然而，我们不能因此得出结论，说黛玉之爱，高于宝钗之爱。

再比如说，袭人不肯嫁作强盗的宝玉，晴雯虽不曾说，打量着只怕还撺掇着出主意。如果纳入道义的概念，我们也许可以说晴雯的爱高于袭人的爱，然而，从性格的角度来考虑，我们只能说，爱的形式不同。鸡寒上树，鸭寒入水，可难说鸭高于鸡。

更何况明知宝玉爱的是林妹妹，贾家败落之际，以宝钗的明智，完全可以另嫁他人，然而，她依然无怨无悔，决定嫁与宝玉，同守贫贱，可以说是富贵不能淫，贫贱不能移。或者还痴望着宝玉哪天回心转意，爱上自己，即使不能，能为他抚平失去黛玉的创伤，能为他安排世俗的一切也愿意，这又是一种怎样的爱呢？木石前盟前生注定，金玉良缘也要百千世方修得来呢！

▷ 可叹停机德

"可叹停机德"，用的是乐羊子妻的典，乐羊子出去读书，因为想家，读了一年就回来了，他妻子拿刀割断了织布机上的布，比喻学业中断就会荒废，规劝他继续求学，不要半途而废。这个故事拿来说宝钗，说中了宝钗性格中很重要的一点：劝，义无反顾地劝。

以孝为贵，以顺从为孝比较简单，以谏诤劝说为孝很难。呆霸王调情遭苦打，薛姨妈心疼发恨，要借着贾府遣人寻拿柳湘莲，宝钗拦住，劝妈妈不要偏心溺爱，纵容哥哥生事。劝薛姨妈不要卖了香菱，保全薛家的面子，劝王夫人多出银子了了金钏之事，并劝免了大观园的费用，也是治家之道。

以和为贵，并不等于放弃自己的主张和意见。"不干己事不张口，一问摇头三不知"之宝钗，却常劝人。**宝钗的劝，一是有情**，黛玉错用了《牡丹亭》《西厢记》里的句子，宝钗并不声张，只是等到两人独处，方才款款道破，又坦承自己也是一般淘气过来的，一席话，说得黛玉垂头吃茶，心下暗伏，只有答应"是"之一字。"蘅芜""兰言"，是宝钗之言，亦是宝钗之德。

二是执着，执着于理想，黛玉用《牡丹亭》《西厢记》的典，宝钗有一劝,宝琴用《牡丹亭》《西厢记》的典,宝钗又有一劝,奈何《牡丹亭》《西厢记》有仇于宝钗乎?劝薛蟠"外头少去胡闹,少管别人的事",劝岫烟"总要一色从实守分为主",劝探春不要"把朱子都看虚浮了",都是自己平日所行。

三是技巧,汉水舟上,周芷若几句话,喂下张无忌一大碗饭;梨香院内,宝钗几句话,说得宝兄弟放下了冷酒。

宝钗喜欢宝玉,可是对宝玉的不作为非常不满意,讥讽宝玉"富贵闲人""无事忙",看戏批评宝玉"白听了这几年的戏",论画嘲笑"我说你不中用!"由于环境限制,无法寻得百分百满意的情郎,那只有希望情郎变得百分百满意,而且,对越亲近的人,宝钗越觉得我不劝,你将来一定会吃亏,因此我一定要劝,这样一来,劝宝玉的次数比劝别人多得多。

从小处讲,劝宝玉别和奶妈一般见识,倒要让一步为是;从大处讲,劝宝玉用"绿蜡"替去"绿玉",是察言观色、揣摩上意,明晓做人、为臣的大道理:"他因不喜'红香绿玉'四字,改了'怡红快绿';你这会子偏用'绿玉'二字,岂不是有意和他争驰了?"

最重要的,还在仕途经济学问,逮住机会绝不放过,袭人口中有一劝,宝玉挨打再劝"早听人一句话,也不至今日",香菱学诗三劝"你能够像他这苦心就好了,学什么有个不成的",婚后更是"借词含讽谏"。

其实宝钗劝学,倒不是一味的仕途经济学问,贾雨村来访,宝玉不得不去应酬,湘云劝宝玉去谈谈讲讲些仕途经济学问,也好将来应酬世务,宝钗听说反笑道:"这个客也没意思,这么热天,不在家里凉快,还跑些什么!""蘅芜君兰言解疑癖"一节说得更明白:"男人们读书明理,辅国治民，这便好了。只是如今并不听见有这样的人，读了书倒更坏了。这是书误了他，可惜他也把书遭蹋了，所以竟不如耕种买卖，倒没有什么大害处。"

湘云也说过仕途经济学问的话，但宝钗更坚持。而且，宝钗不怕挫折，因劝了经济学问，宝玉给她没脸，可宝钗过后还是照旧，该恼的没恼，该劝的还劝。

要做贤内助，劝是少不了的，长孙皇后就是以劝出了名的贤后，尤氏过于从夫，邢夫人不敢违命，算不得贤内助，袭人升妾，也是由于"凡宝玉十分胡闹的事，他只有死劝的"。

常常想着，如果宝钗不曾劝着宝玉，不曾说过仕途经济的混账话儿，宝玉会不会更喜欢宝姐姐些？宝姐姐难道不知道，贤内助和情人是两个相互矛盾的概念？班婕妤不信这个邪，好好地放着宠妃不做，偏偏要去做贤内助，汉成帝好心好意做了大辇车和她同游，却被她视作桀、纣亡国之举，可惜汉成帝终不是隋文唐宗，听不得劝，渐渐地冷落了她，宠幸起飞燕、合德姐妹来。千余年后辽道宗皇后萧观音几乎一模一样重蹈了覆辙。

深知不可为而为之，是宝钗有情处，可与孟母断机杼，乐羊子妻却金并传。

只可惜，聪慧绝伦，纵然是女诸葛、小张良，在情场上全然派不上用处，徒然多了一层纸。女孩太过聪明，男孩往往自惭形秽，陈家洛恋上了香香公主，胡斐爱不上程灵素，幸好宝钗比灵素还多了一份丽质，否则，宝玉只怕不会多看一眼。

所以张爱玲说："宝钗无所不知，无所不晓。娶了个Mrs. Know-all，不免影响夫妻感情。"所以《红楼梦》曲唱："纵然是齐眉举案，到底意难平！"

▷ 远着才显出近来

宝钗拿着通灵宝玉，看了又重新翻过正面来细看，念着"莫失莫忘，仙寿恒昌"，暗合了自己项圈上"不离不弃，芳龄永继"，由不得念了两遍，女儿心里，必有一番思量。一番思量，却又说不出来，既说不出来，只得回头笑着嗔怪莺儿："你不去倒茶，也在这里发呆作什么？"

想来莺儿此时，也是想着金项圈发呆，小孩儿家口没遮拦，嘻嘻笑道："我听这两句话，倒象和姑娘的项圈上的两句话是一对儿。"

这一回叫作"比通灵金莺微露意"，是薛宝钗巧问莺儿，借莺儿微露爱慕之意。

宝钗因母亲说过"金锁是个和尚给的，等日后有玉的方可结为婚姻"等语，所以总远着宝玉，"元春所赐的东西，独他与宝玉一样，心里越发没意思起来。"正因有"近"宝玉之心，才非要"远着"给人家看，也给自己看。

宝玉呢，是个好事之徒，最喜欢和姐妹们亲近，太亲则近狎，反而易生矛盾。王夫人早说过，若这一日姊妹们和他多说一句话，他心里一乐，便生出多少事来。比如二玉，便是由亲密生出嫌隙，一个心反弄成两个。一亲密，什么多愁多病身倾国倾城貌，什么若共你多情小姐同鸳帐、怎舍得叠被铺床，胡言乱语都来。那红麝串人人都有，自己也有，偏要看宝钗笼着的那串，一看又动心忘情，招惹是非，还是不亲近的好。

其实，一个女孩子对一个男孩子刻意保持距离，那么这个男孩子在她心中便有了不同于芸芸众生的地位。好比鸳鸯乘着贾琏不在家时来看凤姐，就有那么点意思。

虽说"远着"，但不免流露出来，宝钗记得史湘云有一个金麒麟，林黛玉一针见血地指出："他在别的上还有限，惟有这些人带的东西上越发留心。"几番打趣黛玉，什么"如来佛比人还忙""将来也不过多费得一副嫁妆罢了""我哥哥已经相准了，只等来家就下定了"都是直指宝、黛之恋。玩射覆用宝钗射宝玉，做络子也想着用金线络着通灵宝玉，好比女孩子送男孩领带的心思。

宝钗时常去怡红院坐坐，惹得晴雯抱怨："有事没事跑了来坐着，叫我们三更半夜的不得睡觉！"答应袭人帮宝玉做鞋，有回宝玉中觉，宝钗看见袭人绣着白绫红里鸳鸯戏莲的兜肚，实在可爱，不由得拿起针来代刺，这可是宝玉的贴身之物，比女孩子打了围巾送男友还亲密些。

最是宝玉挨打一回，宝钗来看视，不比寻常日子遮掩，说："早听人一句话，也不至今日。别说老太太、太太心疼，就是我们看着，心里也疼……""刚说了半句又忙咽住，自悔说的话急了，不觉地就红了脸，低下头只管弄衣带。"那一种娇羞怯怯，非可形容得出者。谁谓宝钗无情？无情亦动人，有情又当如何？宝玉不觉心中大畅，将疼痛早丢在九霄云外。

素日里，黛玉可以哭，哭得天昏地暗，斑竹泪痕，宝玉可以闹，砸玉中风，闹得府内府外上上下下都知道。唯有宝钗，爱上了，却又不能表白，还要眼睁睁地看着心上人和其心上人意绵绵静日玉生香，何等地心痛？当大嘴巴哥哥说破她行动护着宝玉，捅破了这层纸，终于忍不住到房里整哭了一夜。好心劝说却被人当面不给脸自顾自走了，当电灯泡被叫去抹骨牌，素日里的委屈都在这一哭之内，连哭，都只能一个人在房里悄悄地哭，若在大家面前哭了，就不是那个在贾政跟前都坦然自若的宝钗了。

世界上最遥远的距离，不是明明知道彼此相爱，却不能在一起，而是明明无法抵挡这股想念，却还得故意装作丝毫没有把你放在心里。

▷ 老虎不发威，当我是病猫？

中国文化，历来以喜怒不形于色、宠辱不惊、去留无意为上，《世说新语》专设一章"雅量"，记述名士的风度。淝水大捷，谢安得信，"意色举止，不异于常"，嵇康临刑，"神气不变，索琴弹之，奏《广陵散》"。也有受到羞辱，仍然宽容以待的，褚季野借宿驿馆，亭吏为了讨好县令，把他赶到牛屋去。后来县令得知他的名声，鞭责亭吏，如此前倨后恭，褚季野"言色无导，状如不觉"。

宝钗是极有涵养的，心地宽大，劝导宝玉，宝玉也不管人脸上过得去过不去，咳了一声，拿起脚来走了，宝钗羞得脸通红，过后还是照旧；黛玉讥讽她"惟有这些人带的东西上越发留心"，刻薄她"就是哭出两缸眼泪来，也医不好棒疮"，都只装没听见。

十五六岁的花季少女，若也和谢安、季野一般地淡然，倒令人觉得冷漠了，遇到过不去的坎，被哥哥惹哭，被宝玉激怒，对宝琴吃醋，才感觉到她也不过只是一个女孩儿。

老虎不发威，也绝不能当作病猫，一旦事涉宝、黛之间，宝玉的姿态，宝钗十分在乎，机带双敲、讽和螃蟹咏，因此而发。宝、黛闹别扭，宝玉为了和黛玉陪话，让她去陪老太太抹骨牌，宝钗笑着驳回："我是为抹骨牌才来了？"

更厉害是在"宝钗借扇机带双敲"一回，宝玉搭讪把话说造次了："怪不得他们拿姐姐比杨妃，原来也体丰怯热。"其实宝姐姐肌骨莹润，恰到好处，只是宝玉喜欢林妹妹的骨感，相形之下，见得体丰。何况宝钗修身养性，闺房如禅房，哪里是玉环可比？

这话刺到痛处，宝钗不由得大怒，待要怎样，又不好怎样。回思了一回，脸红起来，冷笑了两声，说道："我倒象杨妃，只是没一个好哥哥好兄弟可以作得杨国忠的！"

可巧小丫头靛儿因不见了扇子，和宝钗玩笑说是她藏了，宝钗指桑骂槐道："你要仔细！我和你顽过，你再疑我。和你素日嬉皮笑脸的那些姑娘们跟前，你该问他去。"

这还没完，黛玉听见宝玉奚落宝钗，情哥哥以自己之长比情敌之短，遂了心愿，哪能不喜逐颜开？心中着实得意，也要趁势搭言取笑，问宝钗："宝姐姐，你听了两出什么戏？"

正撞枪口上，宝钗看着黛玉面上得色，哪里不明白，设下套来："我看的是李逵骂了宋江，后来又赔不是。"

宝玉便笑道："姐姐通今博古，色色都知道，怎么连这一出戏的名字也不知道，就说了这么一串子。这叫《负荆请罪》。"

宝钗笑道："原来这叫作《负荆请罪》！你们通今博古，才知道'负荆请罪'，我不知道什么是'负荆请罪'！"以子之矛，刺子之盾，应了前面宝玉的景。一句话还未说完，宝、黛二人早把脸羞红了。

凤姐于这些上虽不通达，但只见他三人形景，便知其意，便也跟着打趣："你们大暑天，谁还吃生姜呢？""既没人吃生姜，怎么这么辣辣的？"宝、黛二人听见这话，越发不好过了。

黄色不反击则已，一反击就不是这么容易收拾的，怪不得林黛玉笑向宝玉道："你也试着比我利害的人了。谁都像我心拙口笨的，由着人说呢。"

▷ 存心帮人，原不待人开口，原不要人感服

黛玉拿几百钱给送燕窝的婆子打酒吃，湘云送绛纹戒指与袭、鸳、金钏、平四人，宝钗转赠袭人戒指、给宝玉送药、帮王夫人找人参、出衣服给死去的金钏、赠土仪惠及赵姨娘、贾环，莫不是宋江的"银子"手段。宝钗还有急人所急的侠义心肠，存心帮人，原不待人开口，在备蟹、送燕窝、赎当三节。

湘云大大咧咧地说好了要邀姐妹们开一社，都没考虑自己的盘缠够不够花，细心的宝钗帮湘云算计："我们当铺里有个伙计，他家田上出的很好的肥螃蟹，前儿送了几斤来……我和我哥哥说，要几篓极肥极大的螃蟹来，再

往铺子里取上几坛好酒，再备上四五桌果碟，岂不又省事又大家热闹了。"

"前儿送了几斤来"，让人想起贾芸那一句"他就一共送了我些冰片，麝香"，帮人原不在要人感服。

黛玉说起需用燕窝粥滋补，又怕多事，宝钗说："我明日家去和妈妈说了，只怕我们家里还有，与你送几两，每日叫丫头们就熬了，又便宜，又不惊师动众的。"

宝钗见岫烟穿得单薄，问出缘由，知道岫烟把衣服当了，道："你且回去把那当票叫丫头送来，我那里悄悄的取出来，晚上再悄悄的送给你去，早晚好穿，不然风扇了事大。"湘云不识当票拿来问，宝钗也替岫烟掩饰隐瞒："是一张死了没用的，不知那年勾了帐的，香菱拿着哄他们顽的。"

宝钗并不专为讨人欢心，但人心容易收买，宝钗护爱湘云、怜惜黛玉、体贴岫烟，种种好处，得到了大家的认可，湘云感念不已，赶着当亲姐姐，家常烦难事也只肯说给她听，黛玉感慨"难得你多情如此"，岫烟把自己的苦水一股脑儿都倒给宝钗。

若单有这些，难免还有人疑心假仁假义的地步。然而就算没有银子，宝钗也还常常替人分忧。

黛玉打趣宝玉："他倒有心给你们一瓶子油，又怕挂误着打盗窃的官司。"忘了趣着彩云，害得彩云不觉地红了脸，是宝钗忙暗暗地瞅了黛玉一眼，黛玉自悔不及，忙一顿行令划拳岔开了。

袭人请湘云帮忙为宝玉做鞋子，宝钗知道了，悄悄告诉袭人，湘云依叔婶度日晚上还得做针线上的为难，又体谅袭人的难处，帮着接下一些针线活计，不枉了湘云把那些烦难事告诉宝钗。

这还算小的，救香菱于水火，使其免遭金桂涂炭，以蹈尤二姐的下场。

更有那孟光接了梁鸿案，心眼最多、心思最重的黛玉都说："你素日待人，固然是好的，然我最是个多心的人，只当你心里藏奸。"各位又何必疑心？

第九篇

钗副黛影

第一章　花袭人（黄）

▷ 以主子的意见为意见

袭人和尤二姐一样以温柔和顺出名，但这并不是因为袭人是绿色，而是因为黄色有一个很重要的品质：随分从时。作为主子小姐，宝钗的随分从时是孝顺长辈，善待下人；作为奴仆丫鬟，袭人的随分从时则在于以主人的意见为意见。

因此，服侍贾母时，心中眼中只有一个贾母，服侍宝玉，心中眼中又只有一个宝玉，本本分分地做个奴婢，主子要怎么就顺着，宝玉强袭人同领警幻所训云雨之事，袭人半推半就之际想到的是"贾母已将自己与了宝玉的，今便如此，亦不为越礼，遂和宝玉偷试一番"。宝玉也曾给了晴雯机会，被一棒子打回："罢，罢，我不敢惹爷。"

抄检大观园，袭人非常配合地率先出来打开箱子匣子，任其搜检一番，晴雯就不乐意，绾着头发闯进来，示威似的嘿一声将箱子掀开，两手捉着，底子朝天往地下尽情一倒，将所有之物尽数倒出。

宝玉错踢了袭人，袭人反忍着说道："没有踢着，"又说，"他们是憨皮惯了的，早已恨的人牙痒痒，他们也没个怕惧儿。你当是他们，踢一下子，唬唬他们也好些。才刚是我淘气，不叫开门的"，为宝玉开脱：踢人没错，小丫头顽皮，那是该踢的，错在我来开门，然而又没踢着，因此宝玉是没责任的。晴雯却敢当面和主子闹："二爷近来气大的很，行动就给脸子瞧。前儿连袭人都打了，今儿又来寻我们的不是。要踢要打凭爷去。就是跌了扇子，也是平常的事。先时连那么样的玻璃缸、玛瑙碗不知弄坏了多少，也没见个大气儿，这会子一把扇子就这么着了。何苦来！"

随分从时过了头，成了"西洋花点子哈巴儿"，晴雯很看不惯，时时要讥讽两下，"鬼鬼祟祟"呀，"明公正道，连个姑娘还没挣上去呢"呀，孰料，宝玉要撵晴雯，正是袭人和着众丫鬟跪下，求了宝玉不要去回；晴雯被逐，也是袭人，将她的日常衣物打点了，还有自己攒下的几吊钱，派人送去。

这是因为，**袭人还知道，人际关系的和谐比一时的情绪发泄要重要。**李嬷嬷吃了留给晴雯的豆腐皮包子，晴雯就在宝玉跟前嘀咕，引致茜雪被逐；李嬷嬷吃了留给袭人的酥酪，还曾骂袭人"妆狐媚子哄宝玉"，袭人怕宝玉发脾气，故意拿话岔开，说想吃风干栗子。刘姥姥醉卧怡红，袭人不曾责骂，只说"不相干，有我呢"。何婆发飙闹了怡红，平儿要赶她出去，何婆央告求饶，袭人心早软了，帮她说好话："已完了，不必再提。"

这样的作为，当然会得到大家的喜欢，尤其是在主子一级中，人人都对她有好感，宝钗赞她有识见，言语志量深可敬爱；薛姨妈赞她行事大方，和气里头带着刚硬要强；王夫人赞她稳重知大礼，亲热地称袭人为"那孩子""我的儿"，赞她"比我的宝玉强十倍！宝玉果然是有造化的，能够得他长长远远的伏侍他一辈子，也就罢了"，升格享受姨娘待遇，凤姐也凑趣建议开了脸明放在屋里，后来袭人归省，凤姐又派人送衣服，固然是看在王夫人和宝玉面上，也是喜欢袭人的意思。

▷ 我拿什么说服你

宝玉号称"混世魔王"，极恶读书，视仕途经济为混账话，只喜欢终日和姐妹们混在一起，公认千真万确的有些呆气。而袭人本就忠心，初试云雨之后更为尽职。

作为一个黄色的妾，希望自己的丈夫能够出人头地，蟾宫折桂，而偏偏宝玉性情乖僻，好在女儿堆里混，让袭人觉得好没出息，每每规劝，都不能听，正好这日母亲起意为她赎身，袭人就借着这个由头，来劝宝玉："我今儿听见我妈和哥哥商议，教我再耐烦一年，明年他们上来，就赎我出去的呢。"

宝玉毫无心计，还以为袭人真的要走，问的话也奇怪，等类胡不食肉糜："为什么要赎你？"

袭人驳回："这话奇了！我又比不得是这里的家生子儿，一家子都在别处，独我一个人在这里，怎么是个了局？"

大观园里晴雯、芳官、入画、司棋被撵，宝钗避嫌搬走之后，宝玉心里所想，就只黛玉和袭人两个人，只怕还是同死同归的，可见宝玉心中，小姐辈里属黛玉，丫鬟份里属袭人，那是顶顶重要的。因此，宝玉急了，想出各种奇妙的理由来：我不放、老太太不放、多给你母亲些银子留下。袭人一一驳回，明明是自己不肯走，偏说成自己去定了，三番五次驳回，驳得宝玉心惊肉跳，心情降到冰点，唉声叹气，赌气上床睡去了。

袭人第一步目的达到，探清宝玉对自己的感情，展开第二步下箴规，因此自己来推宝玉。宝玉已经泪痕满面，袭人拿话回转："你果然留我，我自然不出去了……我另说出三件事来，你果然依了我，就是你真心留我了，刀搁在脖子上，我也是不出去的了。"

袭人果然是知道宝玉的，宝玉立刻发誓赌咒，拍胸脯满口承应："你说，那几件？我都依你。好姐姐，好亲姐姐，别说两三件，就是两三百件，我也依。"

三件事，头一件是不许胡说浑话，二是做个喜欢读书的样子，三是不许毁僧谤道，调脂弄粉，最要紧的一件，再不许吃人嘴上擦的胭脂了，与那爱红的毛病儿，要说袭人嫉妒宝玉在女儿堆里厮混，或也有之，但是，更重要的理由在于，袭人痛恨这么没出息的男人，恨铁不成钢，若有选择，恐怕袭人也未必会爱上宝玉这样的富贵闲人。

东方朔动汉武帝于情，许允说魏明帝于理，袭人先动之以情，后明之以理，可算是善劝。

宝玉临在事头，什么都好说："都改，都改。再有什么，快说。"

知错就认，屡教不改，承诺得快，忘记得更快。这倒不是宝玉愿不愿意守承诺的问题，对红色而言，真心承诺，却也说过就当已经做过，你再说我，我还是会很诚恳地看着你，说，Yes，Madam。

这不，刚刚答应过袭人，才第二天，就开始帮人淘漉胭脂膏子，没几天，又拿着湘云的洗脸水洗脸，让湘云帮着梳头，见了胭脂就要往口边送，被湘云伸手打落，袭人见劝说不顶用，换用不理不睬的法子，在炕上合眼倒下，作假寐状。

怕人不理甚过挨骂，是宝玉罩门，黛玉屡试不爽。果然，宝玉赶紧过来劝慰，袭人只管装睡不理。第二日起来，袭人依旧越性不睬他，宝玉依旧百般讨好，袭人才说："一百年还记着呢！比不得你，拿着我的话当耳旁风，夜里说了，早起就忘了。"

宝玉见她娇嗔满面，情不可禁，便向枕边拿起一根玉簪来，一跌两段，说道："我再不听你说，就同这个一样。"宝玉发誓，是家常便饭，什么变个王八，替你驮碑；嘴上长疔，烂了舌头；直说到天诛地灭，万世不复。

这两番劝诫，袭人都是针对宝玉的命门，每每得手。**平儿以菩萨之心，行杀伐决断之事，袭人为宝玉之成功，不惜得罪宝玉，再三规劝，规劝不成，又谋他路，不可不谓用心，不可不谓有勇有谋。**

▷ 袭人的未来

宝、黛之间的婚姻，是贾府内公认的事，上至管家凤姐拿此开涮黛玉："你既吃了我们家的茶，怎么还不给我们家作媳妇？"下至小厮兴儿传言"将来准是林姑娘定了的"，都认准了这是必成的。

宝、黛之间的恋爱不同，才子佳人式的恋爱是见不得人的丑事，连平日里讲话带出《西厢记》《牡丹亭》都是可疑的，贾母狠批过戏文"这小姐必是通文知礼，无所不晓，竟是个绝代佳人。只一见了一个清俊的男人，不管是亲是友，便想起终身大事来，父母也忘了，书礼也忘了，鬼不成鬼，贼不成贼，那一点儿是佳人？便是满腹文章，做出这些事来，也算不得是佳人了。"

袭人心地纯良，克尽职任，要护着宝玉的声名品行，因此最怕宝玉与姐妹们没礼节分寸、黑家白日的厮闹。有人要说，袭人自己不是与宝玉初试云雨，岂非宽以待己、严以律人？作为丫鬟，和主人发生关系，虽不是什么光彩的事，却也无伤大雅，算不得越礼太过，青年主子未娶正妻之前，屋里都要放上两个。贾琏还偷有夫之妇呢，老太太一句馋嘴猫揭过不提。

而小姐可不一样了，一旦有个闪失，前后错了一点半点，不论真假，两人一生声名品行，化为齑粉。

那日恰好听到宝玉对林妹妹的告白："好妹妹，我的这心事，从来也不敢说，今儿我大胆说出来，死也甘心！我为你也弄了一身的病在这里，又不敢告诉人，只好掩着。只等你的病好了，只怕我的病才得好呢。睡里梦里也忘不了你！"

红娘是浪漫主义，为了莺莺，要撮合张生和莺莺，袭人是现实主义，为了宝玉，要免了将来不才之事，因此来劝王夫人，这一段，很多人误会袭人告密等语。其实，袭人虽不免有自己的私心，但终究是为宝玉好。主人跟奴婢胡闹，那没什么，万一和姐姐妹妹们发生什么不才之事，宝玉和姐妹们"一生的声名品行"岂不全完了，因此变了法儿叫宝玉搬出园外是防患于未然、釜底抽薪的好办法。在袭人心里，宝玉离了园子，还能发奋读书最好，可惜王夫人虽看重袭人，却无法执行。

正因为袭人的现实主义，所以袭人明白"难道作了强盗贼，我也跟着罢？"到了无可奈何之时，伤心了一阵，该哭的哭完，该嫁他人的还是嫁了，不过，还叫"好歹留着麝月"，又与蒋玉菡供奉宝、钗得同终始，可谓有情有义。

第二章 晴雯（红）

▷ 青天白日毫无暗昧

晴雯本是赖嬷嬷的丫鬟，后来孝敬给贾母。和香菱一样，晴雯进府时也不记得家乡父母，只知道有个当厨师的姑舅哥哥多浑虫也沦落在外，又求了赖家收买进来吃工食。赖家的见晴雯到了贾母跟前，"千伶百俐，嘴尖性大，却倒还不忘旧"，所以就把多浑虫买来，还把灯姑娘许配给他。这"倒还不忘旧"，旧说都没点破这里的两层意思，一是在贾母处不忘赖家，二是不忘沦落在外的姑舅哥哥，足见忠厚，是为晴雯正传。

贾母觉得晴雯"模样爽利言谈针线"都在诸丫头之上，因给了宝玉，须知老太太挑人，无非模样儿俊、性格儿好两条，晴雯不仅都占了，还多加一条女红功夫，如何让老太太不喜欢？

论模样儿，晴雯水蛇腰，削肩膀，眉眼又有些像林妹妹，公认是丫鬟中第一，不独老太太，凤姐也说："若论这些丫头们，共总比起来，都没晴雯生得好。"如王善保家的般不喜欢晴雯，但也不得不承认晴雯比别人标致些。及不上晴雯一半的小丫头四儿，已有几分水秀。

论针线，袭人绣得好鸳鸯，探春做得好鞋，钗、黛、湘并有好女红，入得宝玉的法眼，然而比上晴雯，究竟落下一乘，晴雯负责老太太屋里的针线，代表贾府的最高水准，外头能干织补匠人、裁缝绣匠并做女红的都不敢接的雀金裘，还得晴雯挣命织补。

因模样"风流"、针线"灵巧"，老太太屋里派下来的，现任主子又宠，**红色的晴雯"心比天高"，自己行得正，坐得直，掐尖要强，容不得一点半点渣滓，最恨不争气的**。小丫头陪着宝玉夜读打了盹，晴雯骂说要拿针扎；宝玉睡醒了麝月没听见，骂成挺尸；秋纹得了赏兴高采烈，被讥笑是给哈巴儿剩下的；坠儿窃镯，恨得拿了一丈青乱戳。清白如玉，最见不得鬼鬼祟祟的暧昧，袭人初试、麝月篦头、碧痕洗澡，都被她嘲笑。作者还特地借内表嫂灯姑娘赞晴雯："我进来一会在窗下细听，屋内只你二人，若有偷鸡盗狗的事，岂有不谈及于此，谁知你两个竟还是各不相扰。可知天下委屈事也不少。"

晴雯最是磊落光明，当得"青天白日毫无暗昧"八字，心机全无，想笑就笑，欲闹便闹，当哭就哭。清水出芙蓉，天然去雕饰，得晋人深致。

大管家林之孝家的还没走远，大呼小叫："这位奶奶那里吃了一杯来了，唠三叨四的，又排场了我们一顿去了。"红玉是林之孝家的女儿，敢恶声恶气排揎："原来爬上高枝儿去了，"哪里有袭人乖巧，差使着也好好说话，"你到林姑娘那里去，把他们的喷壶借来使使，我们的还没有收拾了来呢。"

高兴了，为你亲自爬高上梯贴上绛云轩，只娇俏着要你焐手："这会子还冻的手僵冷的呢。"为宝玉病中挣命补了雀金裘，只为宝玉明日见了老太太好交代。

不高兴了，就拿着宝玉开涮，袭人醋意十足地说宝玉："你一天不挨他两句硬话村你，你再过不去。"有时候连宝玉都耐不住，跌了扇子，宝玉不过才说上一句，晴雯便回了十句，气得宝玉浑身乱战。袭人本有意圆场，不小心露了和宝玉亲密，晴雯就拿鬼鬼祟祟的那事儿开说，羞得袭人脸紫胀起来。

宝玉、晴雯两个红色闹来闹去，一个说碰死了也不出门，一个说要去回太太，闹得不可开交，一屋子的丫头全跪下才了结。到了晚上，两人高兴起来，撕几把扇子，笑一番，就此忘了，又和好收场。

▷ 晴非黛影

脂评云"晴有林风，袭乃钗副"，后世红学谓"晴为黛影，袭为钗副"，说的都是晴雯像黛玉，而袭人像宝钗。林妹妹摇出了"莫怨东风当自嗟"的芙蓉花签，而晴雯真去做了司芙蓉的花神，眉眼间也有些相像，宝玉诔晴雯，黛玉从芙蓉花中走出来，吓得丫头都以为是晴雯显灵，《芙蓉女儿诔》切来磋去，改成"黄土垄中，卿何薄命"，竟成黛玉之谶。

表面上来说，是容貌上的"像"、命运上的"像"，从根本上来说，是行为上的"像"、个性上的"像"。若单纯以钗、袭之冷，比黛、晴之热，的确如此。然而宝钗牡丹、袭人桃花，两不相犯，但两人相契甚深，一面是宝钗觉得袭人"倒有些识见……其言语志量深可敬爱"，一面是袭人夸宝钗"真真的宝姑娘叫人敬重……真真有涵养，心地宽大"。

黛、晴之间却不然，晴雯不解宝玉送旧帕之意，黛玉叩门晴雯不应，没有一丝一毫相知的意思。就性格而言，也是大有区别，晴雯素习是个使力不使心的，而黛玉则是个使心不使力的，黛玉外冷而内热，人称冰雪，晴雯内外俱热，谓之爆炭。

同样是同宝玉吵架，黛玉无非是耍小性子、哭、不理不睬，总以委婉、内化为主，而晴雯三天两头拿硬话怼宝玉，闹起来声称一头碰死了也不出这门儿。

同样是醋意，圣旨呀、山门装疯呀、呆雁呀、雪下抽柴呀，脑筋需得拐弯抹角才能明白过来，而晴雯很直白，看见宝玉给麝月篦头就冷笑："交杯盏还没吃，倒上头了！"听到袭人用"我们"就嘲笑袭人和宝玉"鬼鬼祟祟干的那事儿"，指出袭人不曾过了明路。

黛玉嘴里爱刻薄人，见一个打趣一个。打趣宝钗只留心金玉佩饰、开嫁妆单子，打趣湘云咬舌子爱说话，"只恐石凉花睡去"，打趣探春蕉叶覆鹿，打趣宝玉挂误窃盗，不可胜数。

最经典的一回是"潇湘子雅谑补余音"：先在大观园里嘲笑刘姥姥手舞足蹈："当日圣乐一奏，百兽率舞，如今才一牛耳。"后来又讽刺刘姥姥是"母蝗虫"，替惜春的画取名《携蝗大嚼图》，大家哄笑一番。

宝钗笑着注解："世上的话，到了凤丫头嘴里也就尽了。幸而凤丫头不认得字，不大通，不过一概是市俗取笑。更有颦儿这促狭嘴，他用'春秋'的法子，将市俗的粗话，撮其要，删其繁，再加润色比方出来，一句是一句。这'母蝗虫'三字，把昨儿那些形景都现出来了。亏他想的倒也快。"

黛玉打趣的对象多是大观园众小姐，晴雯的嘲笑对象则是怡红院众丫鬟。黛玉是见一个打趣一个，晴雯则是"满屋里就只是他磨牙""能说惯道，掐尖要强。一句话不投机，他就立起两个骚眼睛来骂人，妖妖趫趫"。

晴雯对袭人并诸大丫鬟还好，不过冷嘲热讽，对待小丫头打骂便是常事，近于凤姐。小丫头打盹头撞到壁上，都吓得以为是晴雯打她，可见晴雯之威，冰冻三尺，非一日之寒。

而且晴雯是立刻开销的，平儿知道她忍不住，所以不告诉她坠儿窃镯的事。晴雯一知道，果然一天也耐不住，拿了一丈青（一种长耳挖子）向她手上乱戳，即刻要撵出去，宋妈劝："也等花姑娘回来知道了，再打发他。"欲缓而实速，晴姑娘醋意发作，一顿抢白："宝二爷今儿千叮咛万嘱咐的，什么'花姑娘''草姑娘'，我们自然有道理。你只依我的话，快叫他家的人来领他出去。"

只有被王夫人训才不敢回嘴，晚上抄检时到底找了回来，绾着头发闯进来，嘌一声将箱子掀开，两手捉着，底子朝天往地下尽情一倒，将所有之物尽数倒出，让王善保家的觉得好生没趣地去了。

同样的刻薄，晴雯是因为直截了当、爱现、爱争风头，而黛玉是完美主义、苛求、情人眼里容不下沙子。同是刻薄，黛玉选择的更多是间接的春秋笔法，晴雯则更为直接，立刻发作。同是骂人，晴雯是火暴的、口不择言、直截了当的，黛玉是阴阴的、旁敲侧击，拐弯抹角、引经据典。

因此，晴雯换袄，黛玉焚稿，合乎个性，晴雯直说"我太不服"，也属常情，然而黛玉直叫："宝玉，宝玉，你好……"却不是委婉了。晴雯一夜叫的是娘，难道黛玉就肯唤宝玉了？

▷ "鱼眼睛"也曾有珍珠时代

三十六岁以下请Pass此节，勿谓言之不预也。

让我们试想一下，晴雯若不是早夭，终成姨娘，岁月流逝，她会成什么模样？

贾母把晴雯给了宝玉，因"这些丫头的模样爽利言谈针线多不及他"，论样貌论手巧、论伶俐，晴雯在诸丫鬟中是拔得头筹的。《红楼梦》众美图，黛玉葬花、宝钗扑蝶、湘云眠芍、宝琴踏雪，这些都是小姐，丫鬟里却独有晴雯撕扇，何也？一是不如其娇，二是不比其骄——恃宠而"骄"是倚着仗着二八年华之"娇"俏可人，还可看得，若是到了而立之年再表演撕扇子，就不大妙了。

"十载春啼变莺舌，三嫌老丑换蛾眉"，这是那个逼死关盼盼的文人白居易说的。放在未婚的年轻男主子房里的丫鬟，最好的结局是做姨娘，胜过年龄大了放出去配小子。贾母挑拔尖的丫鬟给宝玉，一是宠爱孙子，二是"将来只他还可以给宝玉使唤得"，留作收屋之用。以晴雯的伶俐，自然知道这个意思，且又是老太太先喜欢了才给的，又兼了宝玉之宠，所以行事底气十足，打骂小丫头不在话下。王夫人偶然看到一次晴雯正在那里骂小丫头，留下了个轻狂的恶劣印象。如果晴雯侥幸逃过遭谗被逐的命运，被收作屋里人，恐怕骂人的脾气是改不了的。

作为一个女孩子，晴雯是标致的、灵巧的、率性的，放到现在，属野蛮女友类型。只是在那时，她的身份是奴婢，所以，由不得她清高，由不得她张狂。晴雯打骂小丫头，与司棋大闹厨房一样并不可爱，都是在安乐的生活下滋生了非分之想，把自己当成副小姐。红颜弹指老，失去珍珠光泽的晴雯，若仍旧一味不加收敛，动辄立起两个眼睛骂人，便与跟丫头们厮打的赵姨娘有得一拼。

晴雯会变成第二个赵姨娘吗？

其一，容貌。妻贤妾美，纳妾，貌是第一要素。年轻的侍妾，平儿、秋桐、香菱等人，没有一个不美貌非常。再不信，看看老太太审尤二姐那个仔细，上下瞧了一遍，又戴了眼镜细看，瞧瞧肉儿皮儿，又瞧手又瞧脚，瞧了半天。

"鱼眼睛"也有一样可爱的珍珠时代，赵姨娘当下虽已成了"鱼眼睛"，遥想小赵初嫁时，怎不灿若花朵？

其二，贾政仍常在赵姨娘屋里过夜，其喜欢赵姨娘的程度，恐怕不亚于宝玉喜欢晴雯。

而王夫人厌恶晴雯，恐怕也和赵姨娘、晴雯相像脱不了干系。王夫人的逻辑是，既长得好，又轻狂，必然是勾引主子的妖精。自己以德服人，最厌恶以色事人，有赵姨娘这个先例，在王善保家的提示下"猛然触动往事"，醒起晴雯也有这个走势，乘她未成气候，先行处治了。

其三，也是更重要的一点，两个都是直性子的红色，晴雯是"爆炭"，一时气头上来，如何忍得住不动口不出手。赵姨娘又何尝不是！一受挑拨，心头火起，飞也似的冲锋陷阵。

晴雯之骂，怡红院内基本无一幸免。骂小丫头，拿一丈青戳坠儿，可算是怒其不争；讽刺小红，是倚势压人；与袭人、麝月、碧痕、秋纹之争，可见猜忌之心。脂砚斋说："写晴雯之疑忌，亦为下文跌扇角口等文伏脉，却又轻轻抹去，正见此时都在幼时，虽微露其疑忌，见得人各禀天真之性，善恶不一，往后渐大渐生心矣。但观者凡见晴雯诸人则恶之，何愚也哉？要知自古及今，愈是尤物，其猜忌妒愈甚。若一味浑厚大量涵养，则有何可令人怜爱护惜哉？"因是尤物，所以不会四平八稳，即使作怪，也可为闺阁生色。况且年轻之时，喜怒出于心臆，只显天真，惹人怜爱。

因为性格上的过当，晴雯和赵姨娘的人缘都不佳。赵姨娘不用说，晴雯看似在怡红院有玩有笑，但她领个赏佳蕙还不服气，小红敢当面驳回，更可怕的是那些遥远的奶娘啦、陪房啦、老婆子啦，通通让她得罪光。

有些事情，美人做得，丑女万万做不得。沈复论《西厢》："唯其才子，笔墨方能尖薄。"黛玉可同此论。于晴雯，唯其美女，言语方许尖刻。

西施捧心，是千古佳话：东施效颦，是千古笑话。红玉定是佳人，做贼尚在可恕，坠儿本非佳人，奈何做贼。宝钗劝学，终是女儿，雨村结交，定是禄蠹。

同样，有些事情，貌美年轻的珍珠做得，青春尽头的"鱼眼睛"偏是万万做不得。大街上打情骂俏，少男少女做得，中年人偏做不得，若是老年夫妻，携手漫步夕阳之下，令人钦羡，却不可学少年勾肩搭背，掩耳盗铃于无人之际偷偷亲吻。

《红楼梦》中，宝钗扑蝶可学，宝琴踏雪可学，唯黛玉葬花、湘云眠芍、晴雯撕扇三事不可学。期于外国，阳光恍惚中，水雾朦胧下，趴在草地上的小妖女Lolita不可学。

当年华逐日老去，自身优势递减，旧日宠爱日见稀薄，心理渐渐失衡，唯有性子火暴依旧或者更甚的话，恐怕与赵姨娘相去不远了。不唯读者，连作者也是一样势利，晴雯让人爱、让人怜，赵姨娘只配让人恨、让人怨，年轻美貌的周芷若堪与赵郡主争画眉，年老色衰的李莫愁却只配因爱生恨葬身绝情谷。最聪明的是汉武帝的李夫人，知道自己憔悴了，扭过头，死也不肯朝君王。

第三章　紫鹃金莺两相映

▷ 宝、黛爱情的润滑剂——紫鹃（蓝）

紫鹃本名鹦哥，是贾府的家生女儿，老太太看着黛玉带来的两个人，一个奶娘王嬷嬷极老，一个雪雁一团孩子气，便将鹦哥给了黛玉，后来不知为何改名紫鹃。

莺儿取意《西厢记》之崔莺莺，紫鹃取意杜鹃，《牡丹亭》之杜丽娘，两两相印。中国古典文学意象中，杜鹃的故事追溯到杜宇，蜀国国王，号"望帝"，后来失国隐居，死后化为杜鹃，这就是"望帝春心托杜鹃"。咏杜鹃者，历来以哀伤意象为主，"杜鹃夜鸣悲""杜鹃啼血猿哀鸣""杜鹃声里斜阳暮"，不胜枚举，黛玉也有"杜鹃无语正黄昏""一声杜宇春归尽"之句，总体来说，紫鹃就是一个蓝色的意象。

紫鹃不如鸳鸯之烈、晴雯之勇，不若袭人之外柔内刚，也不及平儿周旋于贾琏凤姐众太太奶奶小姐并丫鬟婆子之间，几至足不出户，但跟了黛玉之后，两人极要好，一时一刻也离不开。《红楼梦》中，小姐与丫鬟最契合的，莫过于黛玉与紫鹃，几乎可以忽略主仆之分，更近姊妹之情。

紫鹃是极细心的，天冷了就命雪雁送小手炉。不单是日常照顾饮食起居，黛玉常常触物伤情，多亏紫鹃常常劝着。宝钗送来苏州的土物，黛玉见了家乡之物，想起父母双亡，又无兄弟，寄居亲戚家中，哪里有人带些土物来？不觉又伤心起来，紫鹃明知缘故，却不说破，借了宝姑娘和老太太来劝："这不是宝姑娘送东西来倒叫姑娘烦恼了不成？就是宝姑娘听见，反觉脸上不好看……岂不是自己遭踏了自己身子，叫老太太看着添了愁烦了么？"

这还罢了，宝、黛之间时常折来腾去的，才第一夜，黛玉就为宝玉砸了玉伤心淌眼抹泪，紫鹃好容易劝好了。两人之中，**宝玉红色性子，生了气容易过去，过不了一会儿又活蹦乱跳的，就算自己有理也会俯就黛玉。而黛玉蓝色的气，消下去的时间比较长，其中紫鹃润滑剂的作用，功不可没。**

张道士说亲事之后，宝、黛两个人一个说怕阻了你的好姻缘，一个拿起玉就砸，又闹将起来。黛玉也自后悔，但又无去就他之理，因此日夜闷闷，如有所失。

紫鹃仲裁道："若论前日之事，竟是姑娘太浮躁了些。别人不知宝玉那脾气，难道咱们也不知道的。为那玉也不是闹了一遭两遭了。""好好的，为什么又剪了那穗子？岂不是宝玉只有三分不是，姑娘倒有七分不是。我看他素日在姑娘身上就好，皆因姑娘小性儿，常要歪派他，才这么样。"这"太浮躁""七分不是""小性儿"，件件说到实处。黛玉是小性子的，众人都不敢说，只有紫鹃敢驳她的回。

这时恰逢宝玉过来，黛玉气还没消，不许开门。紫鹃却想到这么热天毒日头底下，晒坏了他如何使得呢。何况若真的晒坏了黛玉更过意不去，虽过意不去，又不肯说出来，心里又非难过一阵不可；宝玉不知就里，必来劝，劝又劝不到点子上，必又惹黛玉生气。

▷ 慧紫鹃情辞试忙玉

紫鹃深知黛玉心事，一片真心为姑娘，愁黛玉没有父母兄弟，没有知疼着热的人，没人做主，愁老太太现在虽然明白硬朗，万一有个好歹，黛玉未必能称心如意嫁给宝玉，愁万一黛玉嫁了哪个王子公孙，三房五妾，今儿朝东，明儿朝西，又没娘家撑腰，如何是好？

愁完黛玉愁自己，愁黛玉南归，要和黛玉分离，愁黛玉若嫁了他人，必要跟了去的，然而合家都在贾府当差，若不去，辜负了素日的情常；若去，又弃了本家。紫鹃算定，只有黛玉嫁了宝玉，方可两全其美。

只怕紫鹃自家还有一桩心事未曾说出口，红娘说得明白："愿俺姐姐早寻一个姐夫，拖带红娘咱！"她不图"白璧黄金"，只要"满头花，拖地锦"，明公正道做小妾。

顺带掰个谎，宝玉曾调笑一句，"若共你多情小姐同鸳帐，怎舍得叠被铺床？"或有以为这句话是连带紫鹃一起调戏上了，我若娶了黛玉，必连你一起娶了。其实不然，因为《西厢记》后一句紧接的是："我将小姐央，夫人央，他不令许放，我亲自写与从良。"张生此时，只想放了红娘从良，没有并娶之意。也许宝玉心中，未必没有这个意思，然而，调戏的对象是黛玉而非紫鹃，黛玉顿时撂下脸来，说道："二哥哥，你说什么？"

这样愁来愁去，愁了好几年，**蓝色本是杞人忧天，又是草木皆兵**。这时突然来了个宝琴，老太太逼着王夫人认了干女儿，还细问年庚八字并家内景况，大约是要与宝玉求配。可惜，宝琴已许过梅家了，或许连作者也都舍不得？可就这，宝钗吃了醋，冲口而出"我就不信我那些儿不如你"，黛玉虽不露出，哪里不着急，紫鹃更是发愁。

若宝玉定了宝琴，自然不能娶黛玉，黛玉不得好姻缘，或南归或外嫁，自己也恐与黛玉分离，又不得嫁与宝玉，因而愁上加愁。左思右想，不肯，也不能光明正大地问，最终还是采用了蓝色的招数：试探法。

拿着燕窝作由头，"在这里吃惯了，明年家去，那里有这闲钱吃这个。"又谎他"早则明年春天，迟则秋天。这里纵不送去，林家亦必有人来接的"，又指出"前日夜里姑娘和我说了，叫我告诉你：将从前小时顽的东西，有他送你的，叫你都打点出来还他。他也将你送他的打叠了在那里呢。"这番套问，不料偏生遇到一个呆呆的宝玉，玩话认了真，听风就是雨，一头热汗，满脸紫胀，眼珠发直，口角流津，竟是得了急痛迷心。

这一段考试，紫鹃不名之以"莽"，而名之为"慧"，是作者认定紫鹃非"莽"然发问，而是"慧"心体黛玉之意，"慧"而细思，套问宝玉。

试出来宝玉心实，只听见黛玉家去，就疯癫癫起来，回过头来劝黛玉"趁早儿老太太还明白硬朗的时节，作定了大事要紧"，可是黛玉也没法子去求老太太讲明，因此紫鹃借了慈姨妈爱语慰痴颦，要来说动薛姨妈："姨太太既有这主意，为什么不和太太说去？"

注意，宝钗说的是"妈明儿和老太太求了他作媳妇，岂不比外头寻的好"，薛姨妈说的是"我想着，你宝兄弟老太太那样疼他，他又生的那样，若要外头说去，断不中意"，众婆子说的是"到闲了时和老太太一商议，姨太太竟做媒保成这门亲事是千妥万妥的"。

前面几位讲的都是老太太，只有紫鹃说的是"太太"，切中要害！

▷ 钗、玉爱情的催化剂——莺儿（红）

如果说杜鹃是一个蓝色的意象，那么同样以鸣叫而知名的黄莺，却不是"啼血"的"哀鸣"，而是"自在"的"莺歌"。《诗经》里就有"春日载阳，有鸣仓庚"，后人咏词不绝，"花笑莺歌咏""繁莺歌似曲""隔叶黄鹂空好音""两个黄鹂鸣翠柳""自在娇莺恰恰啼"，我们是不是可以说这是一个红色的意象呢？

如果说紫鹃对宝、黛来说是润滑剂，那莺儿在钗、玉之间就是催化剂，拿金线把玉络上，也正是催化剂的形象化。莺儿姓黄，本名金莺，"娇憨婉转，语笑如痴"，语句清，音律轻，小名儿不枉了唤作莺儿。较之紫鹃，莺儿更接近于中国传统文学中贴身丫鬟的角色，更配春香、红娘。

通灵宝玉出场，是用三渲之法，甄士隐梦中识通灵一渲，黛玉进贾府宝玉砸玉、黛玉夜深了未曾看一渲，直至宝钗认通灵，方得细看，莺儿之功，不可没。

比通灵金莺微露意，宝钗看了通灵宝玉，口中念道："莫失莫忘，仙寿恒昌。"念了两遍，宝钗想起自己的金锁，心中不禁有疑，却回头向莺儿笑道："你不去倒茶，也在这里发呆作什么？"莺儿听见，也想起宝钗的金锁，故此莺儿嘻嘻笑道："我听这两句话，倒象和姑娘的项圈上的两句话是一对儿。"红色"小孩儿口没遮拦"，引来宝玉的好奇。

红色宝玉听见，自然要来鉴赏鉴赏，宝钗被缠不过，解了排扣，从里面大红袄上将那珠宝晶莹黄金灿烂的璎珞掏将出来，果然金锁上有"不离不弃，芳龄永继"，宝玉笑问："姐姐这八个字倒真与我的是一对。"

莺儿笑道："是个癞头和尚送的，他说必须錾在金器上……"宝钗不待说完，便嗔她不去倒茶。宝钗虽是大方，然而毕竟是小姐，怎么也怕羞说的金玉之事，何况还是在心上人面前，何况心上人正好有块配金锁的宝玉，何况刚刚看过宝玉，念过八字。

此时宝玉与宝钗就近，好不亲密，只闻一阵阵凉森森、甜丝丝的幽香，又引出冷香丸，莺儿之功不小。

黄金莺巧结梅花络，莺儿一边给宝玉打络子，一边两人闲话，莺儿帮着自家姑娘做嫁衣："你还不知道我们姑娘有几样世人都没有的好处呢，模样儿还在次。"宝玉见莺儿娇憨婉转，语笑如痴，早不胜其情了，见她提起宝钗来更是兴奋，心痒难耐："好处在那里？好姐姐，细细告诉我听。"莺儿笑说"我告诉你，你可不许又告诉他去"，是为宝钗留身份，待要讲时，宝钗正进来，说起该拿着金线配着黑珠子络玉，有些夹带金玉论私货的意思，也算是莺儿的一场功劳。

两番"微露意"，或有争及莺儿是否故意有说，是否为宝钗指示等案。莺儿是红色性格，使力不使心，和贾环赶围棋耍钱，说话也是一般的口无遮拦，不拿贾环当回事，完全没有做下人的自觉，挨了宝钗的批，还满心委屈嘟囔"一个作爷的，还赖我们这几个钱"。

莺儿和春燕、藕官一起边走边编柳条，以为蘅芜苑从来不用分例的花花草草，自己偶然掐些管事的不会乱说，不想春燕的姨妈不敢说她，倒说起春燕来指桑骂槐，气得莺儿把花柳皆掷于河中，自回房去。

以此断，梅花络一节或有撮合玉、钗之意，微露意一节是"小孩儿家口没遮拦"，断非莺儿故意为之，更非宝钗示意。

《西厢记》中"临去秋波那一转"，金圣叹评曰："在张生必争云'转'，在我必为双文争曰'不曾转'也。忤奴乃欲效双文转。"是言是也。

第十篇

黄+红的治家之道

第一章　王熙凤

▷ 胭脂虎的目标性凶暴

凤姐对下人是极厉害的，脸酸心硬，人称"巡海夜叉"，贾琏背地里称呼"夜叉星""夜叉婆"，都是取夜叉凶暴之意。晴雯用一丈青戳偷东西的小丫头，已为后世所讥，而凤姐的凶暴，不是晴雯所能梦见。清虚观一个小道士不经意撞了凤姐，凤姐扬手一巴掌，把那小孩子打了一个筋斗。

看似发泄，其实是凤姐的黄色性格使她在处理问题上采取最直接、最有效，但却不顾人情的做法；而晴雯对怡红院的众丫鬟，上至袭人、麝月，中间碧痕、秋纹，下至红玉、芳官，几乎是无差别攻击。凤姐则极知进退，即使退了贾琏的两个通房丫头，也知道留下平儿做个贤良名儿的面子。若不信，且看玫瑰露等案，依凤姐的主意：

"把太太屋里的丫头都拿来，虽不便擅加拷打，只叫他们垫着磁瓦子跪在太阳地下，茶饭也别给吃。一日不说跪一日，便是铁打的，一日也管招了。"

若要知道效果，那个望风的小丫头前车可鉴，本想抵赖，饶不住凤姐两巴掌打得两腮紫胀，拿着簪子往嘴上乱戳，再威胁烙铁来烙嘴，哪里挡得住，立刻招了。

我们可以称其为"目标性凶暴"，以"凶暴"为表，以"目标"为本，老太太戏称"凤辣子""猴儿"，只说出表象，要知道宋代有个外号"胭脂虎"，深得凤姐本质，是以胭脂（红色）为皮，以虎性（黄色）为心。

棒打误卯，是用当日孙子斩姬之法；柳家的查无实证，也要"革出不用"，号为"挂误"；借着香囊事件，就挑唆"不如趁此机会，以后凡年纪大些的，或有些咬牙难缠的，拿个错儿撵出去配了人"。

会芳园路遇，贾瑞见色起意，凤姐若是正言相拒，贾瑞自然知难而退，凤姐偏不，假意含笑，情话挑引："一家子骨肉，说什么年轻不年轻的话。"去时又故意把脚步放迟了些，学着戏文"且休题眼角儿留情处，则这脚踪儿将心事传"，酥得瑞大爷身子倒了半边。凤姐心里却想："这才是知人知面不知心呢，那里有这样禽兽的人呢！他如果如此，几时叫他死在我的手里，他才知道我的手段！"再见时，假意殷勤，或笑或嗔，或哄或怨，两番设计，两番凌辱，哄得贾瑞终送了性命。

治大国如烹小鲜，凤姐治家也如烹小鲜一样。刘姥姥讲故事，已有的故事添油加醋，没有的故事应景儿编出来，已经算是厉害，然而讲到哪儿算哪儿，凤姐讲故事、说笑话，必有其用，因此不得不推为红楼第一高手，说书的女先儿都说："奶奶好刚口。奶奶要一说书，真连我们吃饭的地方也没了。"

掰谎记一节，是要劝贾母吃酒。

凤姐儿走上来斟酒，笑道："罢，罢，酒冷了，老祖宗喝一口润润嗓子再掰谎。这一回就叫作《掰谎记》，就出在本朝本地本年本月本日本时，老祖宗一张口难说两家话，花开两朵，各表一枝，真是谎且不表，再整那观灯看戏的人。老祖宗且让这二位亲戚吃一杯酒、看两出戏之后，再从昨朝话言 掰起如何？"她一面斟酒，一面笑说，未曾说完，众人俱已笑倒。

贾府元宵家宴，是要大家散席，因此两个故事最后归结到"聋子放炮 仗——散了"，众人笑得前仰后合，就此放了烟火散席。

红色为笑话增色，而黄色为笑话设定目标——散席。

▷ 醋缸醋瓮

凤姐和贾琏这对年轻夫妻感情挺好，贾琏送黛玉南归，昭儿回来报信， 凤姐细问一路平安消息，连夜和平儿亲自打点大毛衣服，检点包裹，再细细 追想所需，又细细嘱咐昭儿，好生小心服侍，特别是别勾引主子拈花惹草， 完全是一副念叨"寒到君边衣到无"恩爱小夫妻的样子。贾琏回来，凤姐又 是俏笑着"略预备了一杯水酒掸尘，不知可赐光谬领？"又是撒娇说宁府 "依旧被我闹了个马仰人翻"等语，着实是小别胜新婚。

然而，**凤姐有着极强的控制欲，对下人严格控制，对贾琏严加看管。** 贾琏原有两个服侍的小姿，凤姐来了没半年，卧榻之侧岂容他人酣睡，都寻 出不是来，打发出去了。细节如何，可以参照金桂。

夏金桂心中的丘壑经纬，颇步凤姐之后尘，只欠形迹太露。看薛蟠初 见金桂，就知道贾琏初见凤姐的风情；看金桂待香菱，就知道凤姐如何打 发。凤姐"明是一盆火，暗是一把刀"，金桂"外具花柳之姿，内秉风雷之 性"；连金桂用宝蟾离间香菱，凤姐用秋桐离间二姐，都同是借剑杀人、坐 山观虎斗的法子。

贾琏原有的小妾不放过，自己的四个陪嫁丫鬟也不放心，挑来挑去，挑中了平儿，一为自己无出，要显自己的贤良名儿，二则拴住贾琏的心，好不外头走邪。按凤姐的标准，贾琏"就只配我和平儿这一对烧糊了的卷子和他混罢"，不准再有别的想头。

为此贾琏愤愤不平："他防我象防贼的，只许他同男人说话，不许我和女人说话，我和女人略近些，他就疑惑，他不论小叔子侄儿，大的小的，说说笑笑，就不怕我吃醋了。"

细究起来，这倒不是女人的嫉妒，更像是男人的占有欲。凤姐小名凤哥，自幼假充男儿教养的，号为"脂粉队里的英雄"，行事不同于一般女儿家。

叫宝玉上车，女孩儿一样的人品，还是以疼爱为主，兼对了老太太的胃口。园子里设小厨房，点到黛玉、宝玉禁不起风吹，就得到了老祖宗的夸奖。和贾蓉调笑，就像男主人戏弄身边的丫鬟一样，有些暧昧，却不足为偷情的证据。

以凤姐的黄色，又当家，孰轻孰重，她心里明白，所以让她来真的不太可能。满眼的男人都比她弱，她只佩服比她更强的，却哪里找去？贾瑞不明白这个，调戏谁不好调戏凤姐，因而送了命。

因此，平儿回贾琏："他醋你使得，你醋他使不得。他原行的正走的正，你行动便有个坏心，连我也不放心，别说他了。"谈到贾瑞的时候说"癞蛤蟆想吃天鹅肉，没人伦的混账东西，起这个念头，叫他不得好死！"也从侧面说明了凤姐的干净。

贾琏有点花心，凤姐是个醋缸醋瓮，不免起些冲突。贾琏多看丫头们一眼，凤姐"有本事当着爷打个烂羊头"，贾琏才夸香菱标致，凤姐直接噎住，"你要爱他，不值什么，我去拿平儿换了他来如何？"没事还拿着"内人""外人"开玩笑。

寻常百姓吃醋发泼，是大闹特闹，人越多越闹，越劝越闹。凤姐泼醋不同，打平儿、打鲍二家的，偏不打贾琏，待众人围观，便不似先前那般泼了，丢下众人，哭着跑到贾母跟前，趴在贾母怀里，只说："老祖宗救我！"

凤姐有闹，是红色，有深谋，是黄色。

贾琏偷娶，若像上次一般跑到老太太那儿哭诉，只怕贾琏挨上老太太一顿骂，还是会留下来，毕竟虽是偷娶，但因正妻总不生育，原为子嗣起见，传宗接代是不可抗拒的大题目，说起来倒是凤姐的不是，犯了七出之条。

只看凤姐如何不动声色，从头至尾细细地盘算一遍，如何只等贾琏前脚走了，后脚来金屋，一番甜言蜜语哄了二姐入园，如何去了二姐贴身的丫鬟，如何查明情况，指使张华告状，如何托了都察院只虚张声势警唬而已，如何大闹宁府，如何唆使张华讨回原妻，如何过河拆桥，如何借剑杀人，闹在深谋之中，是黄+红。

大闹宁国府，又哭又骂，又打又啐，骂尤氏"你痰迷了心，脂油蒙了窍"，骂贾蓉"天雷劈脑子五鬼分尸的没良心的种子"，把尤氏作践揉搓成一个面团，贾蓉跪地不住磕头、自打耳光赔罪，许赔了五百两银子，上半场目的达到，转头立刻换了一副嘴脸，说了一番大道理，却暗逼着贾蓉要去退亲。

这一场，凤姐已然用上锯箭、补锅二法，先指使张华状告，把事情搞大，然后花了三百两银子去打点，号称是五百两，是补锅法，本意要退回二姐，见贾母不乐意，又恐贾琏再花钱霸占，因此留在身边，借剑杀人，是锯箭法。以朝廷的章法用于家庭，二姐哪得不死？

终究可惜凤姐是不读书，虽有这般手段，二姐既去，不学诸葛吊周瑜的伤心，也该为她风光大葬，显出自家贤惠、笼络贾琏才是，偏又使起小性子，白白种下一颗复仇的种子。

▷ 翻手为云，覆手为雨

可恨之人必有可怜之处。赵姨娘生了探春、贾环姐弟，按理，母以子贵，在荣国府该有些权势，"这屋里除了太太，谁还大似你？"

可是不然，老太太骂她烂了舌头，王夫人骂贾环"黑心不知道理下流种子"，连芳官都瞧不起赵姨娘，敢当面说"梅香拜把子——都是奴才"。

赵姨娘"不尊重""忒昏愦""三不着两"，有自取其辱之罪，而赵姨娘生了贾环，存了废立之想，念叨"明日这家私不怕不是我环儿的"，是真正取祸之道。养了儿子，有了这个"可能性"的存在，就算没这份心，旁人眼里，如何信得？魏公子乐饮，孟尝君归薛，同理可证。"要依我的性早撵出去了"，凤姐代王夫人言。周姨娘无出，因而"怎不见人欺他，他也不寻人去"。

宝钗素习对贾环算好的，送土物也不少了他那一份，湘云吃螃蟹要令人盛两盘子与赵姨娘、周姨娘送去，尤氏还了凑份子的二两银子，然而，除了彩霞（云）真心和贾环好，众人对于宝玉和赵姨娘、贾环，采取的是双重标准，不要说宝钗、湘云吟诗斗句，贾环根本凑不上份，就是宝玉、贾环、贾兰三人往见邢夫人，邢夫人只留宝玉一个人吃饭，蔷薇硝事件中，探春只管查是谁调唆的赵姨娘，却不问芳官的错。

双重标准最明显的还是凤姐。

宝玉是老太太、太太的心头肉，凤姐十分关注。馒头庵里宝玉为秦钟要再住一天，凤姐考虑到顺了宝玉的心，老太太听见必然欢喜，就承应了多住一晚。送殡路上宝玉骑马，凤姐怕有闪失，因此叫来自己车上坐，还帮着宝玉圆配药的谎。

宝玉的乳母李嬷嬷输了钱排揎袭人，拿出婆婆（乳母）看不惯媳妇（当家大丫鬟）的嘴脸，骂袭人"妆狐媚子哄宝玉"，宝玉倒来分辩，婆婆看见儿子为媳妇分辩，何由更不上气来，正不知如何收场，凤姐儿连忙赶过来，好言劝解，叫了多少声"妈妈"，拿了大节下、老太太作纛，又用滚热的野鸡和吃酒做诱饵，像是一阵风般把李嬷嬷拉走了，帮宝玉摆平。

而赵姨娘训贾环"上高台盘"，却被凤姐正言弹压："他现是主子，不好了，横竖有教导他的人，与你什么相干！"连带贾环也受教训，"亏你还是爷，输了一二百钱就这样！"

后来贾环烫坏了宝玉，凤姐却说："老三还是这么慌脚鸡似的，我说你上不得高台盘。赵姨娘时常也该教导教导他。"教导也有错，不教导也有错，对错判断全在凤姐，翻手为云覆手雨。

袭人是王夫人跟前的红人，新晋的姨娘，母病返家，凤姐嫌袭人的青缎灰鼠褂太素，穿着也冷，送了一件半旧的大红猩猩毡，又吩咐周瑞家的，派两个媳妇、两个小丫头跟去，要一大一小两辆车，外头派四个有年纪跟车的，又嘱咐袭人并周瑞家的各种规矩。

赵姨娘给兄弟送殡，竟要问雪雁这样的三等丫鬟借衣裳给自己的丫鬟穿，虽说怕脏，舍不得给自己衣服，但也看得出赵姨娘熬油似的熬了这么大年纪，还比不上宝玉身边一个妾身半明的丫鬟袭人。

贾环、彩霞要好，旺儿媳妇竟然倚仗凤姐陪房的权势强娶了彩霞，想来金钏不死，敢有此事？

▷ 三艘船：权、名、利

乾隆下江南，遥见长江之上，万舸争流，千帆竞渡，一片忙碌繁华景象，回头问陪同的金山寺和尚："你们看这长江之中，一共有多少条船？"这位善辩的和尚思考片刻，回答："我看这长江之中，只有两艘大船，一条为名，一条为利。"

其实最少还有一艘大船，叫作权。**权、名、利的追求，交织在一起，构成了凤姐的需求层次。**

首先是权。凤姐嫁给贾琏，很得老太太的欢心，再加上是王夫人的内侄女，自身素质又好，从小儿玩笑着就可杀伐决断，不过两年，接管了荣府内管家的重任，上一层承应老太太、王夫人、邢夫人，中一层看顾宝玉并诸妯娌姊妹，下一层管理仆厮丫头，外头照应娘娘及各王公侯伯家，里头调度宁府和廊上廊下亲友，一天少说，大事也有一二十件，小事还有三五十件，银子上千钱上万。

虽如此，还未办过婚丧大事，恐人还不服，可卿之死、尤氏之病，给了一个机会，虽然只是短工，凤姐也不放过。王夫人悄悄征询："你可能么？"凤姐大声响应："有什么不能的。外面的大事大哥哥已经料理清了，不过是里头照管照管，便是我有不知道的，问问太太就是了。"接过宁府的对牌，思量清楚宁府五弊，然后如何钉造簿册，如何点卯分派，如何不畏勤劳，如何杀鸡儆猴，清晨五点多就过来点卯理事，直到晚上七点还要亲到各处查一遍，一日之间，无头绪、荒乱、推托、偷闲、窃取等弊，一概都蠲了。

凤姐儿见自己威重令行，心中十分得意。

权的另外一个表现是夫妻争权，贾琏、凤姐二人掌管荣府大权，族中诸人都求二人找点差事，贾芸求了贾琏，贾芹之母周氏求了凤姐，终究贾琏倒退了一射之地，凤姐胜出，贾芹管了小和尚小道士的事，"将一座梵王宫，化作武陵源"，那是后事不提。

贾芸如何乖觉，立刻改换门庭，拿了冰片、麝香，转投凤姐门下，得了个种花种树的生意。

单有了权，若管理不妥当，管家媳妇们不但不畏伏，还要编出许多笑话来取笑，这权既显不出价值，也长不了。因此，凤姐不敢偷安推托，唯恐落人褒贬，经协理宁府、贵妃省亲数役，合族上下无不称赞。好听的，说是"言谈又爽利，心机又极深细，竟是个男人万不及一的"，不好听的，就说"嘴甜心苦，两面三刀；上头一脸笑，脚下使绊子；明是一盆火，暗是一把刀，都占全了"。不过大家都公认凤姐治家能力极强。至于待下人是否太严，本不在凤姐的考虑范围之内。

清河县里小小的生药铺掌柜西门庆直言不讳："咱闻那佛祖西天，也只不过要黄金铺地，阴司十殿，也要些楮镪营求。"可见自古权、名、利可以相互转化。

林之孝家的，搞定一个内厨房的位子，就得了很多孝敬，以凤姐的身份，只多不少。贾芸送冰片、麝香，得了一桩管事；金钏死了，几家仆人常来孝敬，为了女儿能补上金钏的缺。凤姐自管迁延，等那些人把东西送足了，然后乘空方回王夫人。贾琏向鸳鸯借当，凤姐帮了几句话，就雁过拔毛，从一千两银子中抽走了一二百的佣金。

凤姐另有一项灰色收入是高利贷，早支了上下的月钱，放出去生利，连贾母、王夫人的也不放过，"这几年拿着这一项银子，翻出有几百来了"，加上自己的月例钱，"一年不到，上千的银子"。

这些还不过是以权谋私，为了三千两银子，拆散一对鸳鸯，致使二人自尽，凤姐不得辞其咎，二十两银子唆使张华告状，又拿了三百银子打点了都察院，转回头大闹宁国府，要讹五百两，究其原因，是"从来不信什么是阴司地狱报应的"，想来贾雨村判断葫芦案、发配门子、诬陷石呆子，也作是想。

从这方面来说，凤姐更愿意黛玉成为宝二奶奶，虽然黛玉也不缺管家的才能，然而宝钗的威胁更大。

对于老太太，凤姐能逗趣，自然好过宝钗，但宝玉像极了他爷爷，"同当日国公爷一个稿子"，远亲于贾琏，何况老太太不能如凤姐指望一般一千岁后才归西，最终主事的还是王夫人。

对于王夫人，凤姐是哥哥的女儿，宝钗是妹妹的女儿，即使有差，也不多，宝玉是自己的儿子，自然亲过侄儿贾琏。

因此，宝钗若成了宝二奶奶，凤姐只怕要退回贾赦的小院子里，还有一个生嫌隙的婆婆等着。这一点，凤姐心知肚明。因此，凤姐人前人后讨论"宝玉和林妹妹他两个一娶一嫁"，和黛玉开玩笑说："你既吃了我们家的茶，怎么还不给我们家作媳妇？"一来是看好这段婚姻，二来也是为自己着想。

▷ 过劳死的前兆

贾芸谋事时借母亲之口奉承："说婶子身子生的单弱，事情又多，亏婶子好大精神，竟料理的周周全全，要是差一点儿的，早累的不知怎么样呢。"

不愧是人才，这才几句话，就说清了几层意思：凤姐身子单弱、精神好、事情多、料理得周全，落到最后，若是别人，恐怕撑不住。

哪止是别人，凤姐自己也撑不住，早有病征，贾琏送黛玉去扬州探看父亲，凤姐白天主持可卿丧事，每天清晨六点半点卯，直到晚上七点还要亲自巡查一遍，这天晚上回到屋里又命了回来报信的昭儿进来细问，连夜打点衣服包裹，赶乱完了，快三点才睡下，就走了困，不觉又是天明鸡唱，忙梳洗过宁府中来。脂评指出，失眠系"病源伏线"。

元春归省，连日里用尽心力，人人力倦神疲，凤姐身为总管，一则"事多任重，别人或可偷安躲静，独他是不能脱得的；二则本性要强，不肯落人褒贬，只扎挣着与无事的人一样。"

凤姐生日，因吃醋和贾琏闹翻，第二天没怎么化妆，哭得眼睛肿着不算，脸儿黄黄的，已有些征兆。

凤姐总觉得自己是抗得过去的，可大家早已看出端倪来，不单贾芸，尤氏也对平儿说"我看着你主子这么细致，弄这些钱那里使去！使不了，明儿带了棺材里使去。"

没料到，一语成谶，才过三五个月，"刚将年事忙过，凤姐儿便小月了，在家一月，不能理事，天天两三个太医用药。凤姐儿自恃强壮，虽不出门，然筹画计算，想起什么事来，便命平儿去回王夫人，任人谏劝，他只不听……谁知凤姐禀赋气血不足，兼年幼不知保养，平生争强斗智，心力更亏，故虽系小月，竟着实亏虚下来，一月之后，复添了下红之症。他虽不肯说出来，众人看他面目黄瘦，便知失于调养。王夫人只令他好生服药调养，不令他操心。他自己也怕成了大症，遗笑于人，便想偷空调养，恨不得一时复旧如常。谁知一直服药调养到八九月间，才渐渐的起复过来，下红也渐渐止了。"

一来凤姐小产不知保养，病中不忘工作，总以为自己身体强壮，小毛小病的，挺挺就过去了，其实病根未除，邢夫人借事生嫌隙批了两句，竟然旧病复发。

二来凤姐相信自己才有资格做荣府的管家，其他人怎么做也不入她的法眼，虽说三姑娘料理得不错，凤姐还不忘借口探春"是个没出阁的姑娘。

也有好叫她知道的，也有对她说不得的事"，操心什么赌博呀偷盗呀，玫瑰露引来茯苓霜，平儿已经判冤决狱，凤姐还要小题大做，幸得平儿劝住了："况且自己又三灾八难的，好容易怀了一个哥儿，到了六七个月还掉了，焉知不是素日操劳太过，气恼伤着的。如今乘早儿见一半不见一半的，也倒罢了。"

三来凤姐平素要强，在众人面前非勉强摆出没事的样子来，讳疾忌医，平儿"白问了一声身上觉怎么样，他就动了气，反说我咒他病了"。

这样挣扎着操劳过度，又过了两年，竟得了血山崩，"从上月行了经之后，这一个月竟沥沥淅淅的没有止住"，再往后，就只剩下过劳死一途了。

第二章 亲疏 PK 贵贱——贾探春

▷ 将门风范

王府传自都太尉统制县伯王公，王子腾由京营节度使迁九省统制，再迁九省都检点，可见王府都是武官出身。凤姐自幼假充男儿教养，从小儿玩笑着就有杀伐决断，貌似颇有些将门遗风。

不过，《红楼梦》里面，最具将门风范的居然是没有一点王府血缘的探春。抄检大观园，探春命众丫鬟秉烛开门而待，疑似孙尚香、林四娘转世。看到"自然连你们抄的日子有呢"，战略眼光在凤姐之上。自揽干系，自认窝主，只许抄自己，不许抄自家丫鬟，是御军之道，然而探春并不是一味护短，迎春的丫鬟司棋、惜春的丫鬟入画都出了事，唯探春的丫鬟从不惹事，可见探春的管教。怒打王善保家的，是有谋有勇。待书骂王善保家的，是强将手下无弱兵，有其主必有其仆。

迎春不能管教王住儿媳妇，遣待书召平儿，要回首饰，以宝琴夸为驱神召将的符术，黛玉指出是守如处子、脱如狡兔、出其不备的兵法，因此强如凤姐。

凤姐大姑子小姑子一堆谁也不怕，单畏探春五分，承认探春"虽是姑娘家，心里却事事明白，不过是言语谨慎；他又比我知书识字，更厉害一层了"。

这将门风范，能惠及他人，可谓侠者。和宝钗偶然商议了要吃个油盐炒枸杞芽儿来，不过是三二十个钱的事，打发个丫鬟拿着五百钱来给厨房，为的是"如今厨房在里头，保不住屋里的人不去叨登，一盐一酱，那不是钱买的。你不给又不好，给了你又没的赔。你拿着这个钱，全当还了他们素日叨登的东西窝儿。"既明白体下，换来厨房的叫好，又为自家丫鬟做出样板，亦是御军之道。

鸳鸯哭诉贾赦强娶，老太太气得浑身乱战，不分青红皂白连王夫人也骂上了："你们原来都是哄我的！外头孝敬，暗地里盘算我。有好东西也来要，有好人也要，剩了这么个毛丫头，见我待他好了，你们自然气不过，弄开了他，好摆弄我！"

盛怒之下，王夫人虽有委屈，只好站起来，不敢还言；薛姨妈见连姐姐王夫人都怪上了，反不好劝了；宝钗也不便为姨母辩；李纨、凤姐、宝玉都一概不敢辩。只有探春明白关键，知道迎春老实，惜春小，唯独自己可以出力，便走进来向贾母赔笑道："这事与太太什么相干？老太太想一想，也有大伯子要收屋里的人，小婶子如何知道？便知道，也推不知道。"

老太太是明白人，一念就转过来："可是我老糊涂了！"这种时候，不是黄色且不好收场，即使是黄色，也须勇谋兼济、胆识相用，探春于此胜过宝钗、李纨、凤姐一场。经此一役，王夫人疼她的心自然更盛，这是九月间事，次年二月，就委她管事。

▷ 庶出的姑娘

迎春是二木头，"戳一针也不知嗳哟一声"；探春是玫瑰花，"又红又香，无人不爱的，只是刺戳手。也是一位神道"，兴儿还不忘加上一句"可惜不是太太养的，老鸹窝里出凤凰"。这话说到了点子上，另一位神道凤姐儿感叹天下英雄唯使君与操耳的同时也感叹："好，好，好，好个三姑娘！我说他不错。只可惜他命薄，没托生在太太肚里。"

那时候男人的地位高于女人，嫡出的姑娘又高过庶出，"将来攀亲时，如今有一种轻狂人，先要打听姑娘是正出是庶出，多有为庶出不要的"，王善保家的敢掀探春衣襟作脸献好，正因为觉得探春庶出，不敢拿她怎样。

贫民窟出身的孩子总不愿提起童年，贾雨村深恶门子，争强好胜的探春抱怨"没托生在太太肚里"也是有的，并不是所有的人都像汉文帝一样勇于承认"朕高皇帝侧室之子"，朱棣就不敢承认生母是个妃子，留下一笔糊涂账。

庶出的黄色，特别在意这"嫡庶"二字。讲究嫡、庶之分，从某种意义上，就是讲究主、奴之分。园子里讲究主、奴之分的，比如指责炒豆儿不跪着服侍的李纨，指责靓儿不该开主子玩笑的宝钗，都是黄色，但是最讲究的，莫过于探春，无论是一巴掌打上王善保家的，还是喝住王住儿媳妇，随时准备划清界限。她洗脸的时候，"那捧盆的丫鬟走至跟前，便双膝跪下，高捧沐盆；那两个小丫鬟，也都在旁屈膝捧着巾帕并靶镜脂粉之饰"。

而黄色的女孩，还特别在意"男女"二字。"才自精明志自高"的探春心理始终念着"我但凡是个男人，可以出得去，我必早走了，立一番事业，那时自有我一番道理。"正如宝钗所说："好风频借力，送我上青云！"赵敏对张无忌诉说心事："我只恨自己是女子，要是男人啊，嘿嘿，可真要轰轰烈烈地干一番大事业呢。"《平山冷燕》中山黛说："只可惜，我山黛是个女子，沉埋闺阁中。若是一个男儿，异日遭逢好文之主，或者以三寸柔翰再吐才人之气，亦未可知。"

海棠邀社，自称不是"妹"而用"娣"，"孰谓莲社之雄才，独许须眉；直以东山之雅会，让余脂粉"云云。

> **现代的黄色女孩，可以在办公室中与男孩一较高下，可以在职场上纵横厮杀，可以在官场里好风凭借，那时候的女孩却不能将才华发挥于庙堂之上、江湖之远，志愿就不得不发于室家之内。室家的热闹，不下于庙堂，不亚于江湖，这厢凤姐压贾琏倒退了一射之地，那家金桂持戈试马，挟制薛蟠。**

这就是周思源先生所说的反庶期男，若生母是其他人也罢了，偏偏摊上了赵姨娘，有"阴微鄙贱的见识"，"谁不知道我是姨娘养的，必要过两三个月寻出由头来，彻底来翻腾一阵，生怕人不知道，故意的表白表白"。时时揭揭探春的伤疤，常令探春没脸，探春深恨，恨不如哪吒剔肠还父，剜骨还母，借莲重生。

其实赵姨娘的本意，可能是因为有这样的女儿而得意，她的翻腾也是时时提醒大家，这个在上头得脸的人是我的女儿，所以你们不能小看我、踩扁我了吧；同时也提醒女儿，"你该越发拉扯拉扯我们"。却不知她越如此行事，越达到人神共厌的反效果，女儿也越恨不得跟老妈划清界限，也着实可怜。

探春明白，要改变自己的命运，只有靠自己，要出人头地，必要跟着王夫人，"只拣高枝儿飞去"才是。礼法所定，是妻妾有分、嫡庶不同，却都是认嫡母、不认生母的，"我只管认得老爷、太太两个人，别人我一概不管"。探春又是跟在祖母这边一处读书，和赵姨娘感情上本就又生了一层。

老太太中秋赏桂赏到四更，众姐妹都散了，只有探春还陪着。王夫人受了冤枉，是探春解开。皇天不负有心人，老太太生辰，太妃们来访，叫出来撑门面的，除了薛、林、史之外，贾家三姐妹之中只有探春。凤姐证实，"太太又疼他……心里却是和宝玉一样呢"，只因赵姨娘每每生事，几次寒心，这又加重了探春对生母的不满和摆脱的愿望。

▷ 身份、次序和贵贱

门子不知道身份进退，冒犯了贾雨村，终致流放；宝玉比宝钗为杨妃，招来强烈的反击；湘云道破戏子像黛玉，也惹得黛玉不高兴。

大观园内，最重视身份的两个人都是黄色，庶出的探春和妾身未明的袭人。

晴雯被撵，宝玉说起槛外海棠预老的兆头："这阶下好好的一株海棠花，竟无故死了半边，我就知有异事，果然应在他身上。"比出"孔子庙前之桧，坟前之蓍，诸葛祠前之柏，岳武穆坟前之松"的大题目和"杨太真沉香亭之木芍药，端正楼之相思树，王昭君冢上之草"的小题目。

袭人听了这篇痴话，又可笑，又可叹，醋性大发道："那晴雯是个什么东西，就费这样心思，比出这些正经人来！还有一说，他纵好，也灭不过我的次序去。便是这海棠，也该先来比我，也还轮不到他。想是我要死了。"

袭人算是老太太房里的人，月例是一两的，足足比晴雯的一吊月钱多了三五十个百分点，后来升格，与两位姨娘同例，月例三四倍于晴雯，论身份，袭人的确在晴雯之上。

对于袭人而言，次序是很重要的，因没过了明路，身份越发重要起来。晴雯撕坠儿，袭人知道，只说太性急了些，言外之意，这是我的职权范围，晴雯你凭什么能这样做呢？

管葡萄的祝老婆子讨好袭人，要摘一个给她尝尝，袭人正色说道："这哪里使得？……一则没有供鲜，二则主子们尚然没有吃，咱们如何先吃得呢？你是府里的陈人，难道连这个规矩也不晓得么？"吓得老婆子赶快低头认错。

这话原是有本的，北魏庾岳驻守邺城，当地有旧时的皇家园池，水果刚熟，下属就送给他，庾岳不接受，说："果品还没进献陛下，我怎能先吃？"

讲究次序过了头，就变成发"两个凡是"。老太太骂贾珍、骂贾赦、说贾政，这些人俱不敢回嘴。贾政骂宝玉，宝玉一样不敢回嘴。宝玉错踢，袭人忍着痛，反为宝玉开脱。贾环和莺儿玩耍，输了钱耍赖，争执起来，宝钗只怪莺儿："越大越没规矩，难道爷们还赖你？还不放下钱来呢！"

探春的身份感因反庶期男的心理而增强，懦小姐不问累金凤，探春听见，句句不离贵贱：
"谁和奴才要钱了？难道姐姐和奴才要钱了不成？"
"咱们是主子，自然不理论那些钱财小事，只知想起什么要什么，也是有的事。"
"还是他原是天外的人，不知道理？还是谁主使他如此，先把二姐姐制伏，然后就要治我和四姑娘了？"

抄检大观园，怒打王善保家的，为的是"你是什么东西，敢来拉扯我的衣裳！我不过看着太太的面上，你又有年纪，叫你一声妈妈……你搜检东西我不恼，你不该拿我取笑。"说着，便亲自解衣卸裙，拉着凤姐儿细细地翻："省得叫奴才来翻我身上。"

"妈妈"两字，本是尊称，公子小姐一般管乳母叫"妈妈"，贾琏的乳母赵嬷嬷过来，凤姐一叠声的"妈妈"哄着，宝玉偶尔喝个酒，还要央告"好妈妈，我只吃一钟""好妈妈，我再吃两钟就不吃了！"可见"妈妈"还负有教育的责任。迎春最老实，把"妈妈"二字认了真："我说他两次，他不听也无法。况且他是妈妈，只有他说我的，没有我说他的。"其实，奴仆就是奴仆，所以老太太盛怒之下，"妈妈"们就成了"这些奶子们"，邢夫人批评迎春时也说："胡说！你不好了他原该说，如今他犯了法，你就该拿出小姐的身分来。"

这还算是乳母，本就体面些，李嬷嬷还敢拿黛玉叫"林姐儿"，王善保家的不过是个陪房，虽比一般的奴仆体面，但也及不上乳母，又碰上探春这最讲究的主，讨了个没趣，在窗外只说："罢了，罢了，这也是头一遭挨打。我明儿回了太太，仍回老娘家去罢。这个老命还要他做什么！"

司棋是个火暴脾气，为了一碗炖蛋，受不了莲花儿几句挑唆，冲到厨房和厨娘大闹一场，自降身份，怪不得别人。赵姨娘打芳官，袭人是这样劝的："姨奶奶别和他小孩子一般见识。"探春是这样劝的："如同猫儿狗儿抓咬了一下子。"两人明白，和下人拌嘴吵架，是上位者自降身份，"梅香拜把子"之诮，岂不是自己招来的？

因此，王善保家的动手，探春及时镇压，王善保家的动口，探春却不动口，为的是不能和奴仆一般见识，喝命丫鬟道："你们听他说的这话，还等我和他对嘴去不成。"待书等听说，便出去说道："你果然回老娘家去，倒是我们的造化了。只怕舍不得去。"

▷ 杀威棒法

宋太祖武德皇帝旧制：但凡初到配军，须打一百杀威棒，林冲、武松、宋江都险些挨了。杀威棒，以杀威为名，行立威之实。大相国寺的泼皮破落户们设下圈套，要灭了鲁智深的威风，不能再管他们偷菜。

话说凤姐病倒，李纨、探春、宝钗三驾马车理事，众媳妇没有一个是省油的灯，水沾了泥味，和成稀泥，倒成了坚硬无比的水泥，都打听他三人办事如何：若办得妥当，大家则安个畏惧之心；若少有嫌隙不当之处，不但不畏伏，出二门还要编出许多笑话来取笑。

这一日，吴新登的媳妇来回："赵姨娘的兄弟赵国基昨日死了。昨日回过太太，太太说知道了，叫回姑娘奶奶来。"说毕，便垂手旁侍，再不言语。若是凤姐前，吴新登媳妇早已殷勤说出许多主意，又查出许多旧例来任凤姐儿拣择施行，如今却藐视李纨老实，探春是年轻的姑娘，所以只说出这一句话来，试他二人有何主见，是杀威棒法。

李纨中了招，说："前儿袭人的妈死了，听见说赏银四十两。这也赏他四十两罢了。"吴新登媳妇答应了就要走，心里已在编着笑话预备来。

敏探春叫住，以彼之道还施彼身，第一棒轻轻打下来说："你且别支银子。我且问你：那几年老太太屋里的几位老姨奶奶，也有家里的、也有外头的这两个分别。家里的若死了人是赏多少，外头的死了人是赏多少，你且说两个我们听听。"

吴新登媳妇就算知道，这时候也吓得忘了，赔笑说道："这也不是什么大事，赏多少谁还敢争不成？"

探春和宝钗偶尔开个小灶、点个油盐炒枸杞芽儿，还打发个丫鬟拿着五百钱来给厨房，也是生怕出错的意思，出了错，面子上不好看。何况事关生母的兄弟，若是错了谱，那是身份和次序问题，岂是小事？岂可马虎？

不过探春毕竟是未出阁的小姐，笑把第二棒打将下来："这话胡闹。依我说，赏一百倒好。若不按例，别说你们笑话，明儿也难见你二奶奶。"

吴新登媳妇笑道："既这么说，我查旧帐去，此时却记不得。"哪里还敢说记得？

探春依然带笑，然而第三棒之威，直击本心："你办事办老了的，还记不得，倒来难我们。你素日回你二奶奶也现查去？若有这道理，凤姐姐还不算利害，也就是算宽厚了！还不快找了来我瞧。再迟一日，不说你们粗心，反象我们没主意了。"

这话说得吴新登媳妇满面通红，忙取来旧账，原来"两个家里的赏过皆二十两，两个外头的皆赏过四十两"。所谓"家里的"，就是全家在贾府为奴的，如鸳鸯，父、母、兄、嫂俱是贾府奴才，所谓"外头的"，就是只有一个人在贾府为奴，如袭人，签了卖身契，如果有钱，又不是死契，还可以赎回的。按赵姨娘是"家里的"，死了兄弟，该赏二十两。

探春便说："给他二十两银子。"

凤姐棒打误卯，师出同门：

"明儿他也睡迷了，后儿我也睡迷了，将来都没有人了。本来要饶你，只是我头一次宽了，下次人就难管，不如开发的好。"

不听我的话，驳了我的体面，岂能饶你？再者放过了你，下次我如何管人？想来凤姐心里，倒爱这个人越体面越好，贾母拿迎春乳母作法，也是一般心思。

不愧是同门师姐妹，一眼看破，惺惺相惜，对平儿说："他虽是姑娘家，心里却事事明白，不过是言语谨慎；他又比我知书识字，更厉害一层了。如今俗语'擒贼必先擒王'，他如今要作法开端，一定是先拿我开端。倘或他要驳我的事，你可别分辩，你只越恭敬，越说驳的是才好。千万别想着怕我没脸，和他一犟，就不好了。"**探春，是凤姐未出阁形状，凤姐，是探春出阁后形状**。"不肯发威动怒，这是他尊重"，试想凤姐尚在闺阁，也是如此。探春远嫁，当能别开一番新天地。

平儿不愧是凤姐左右手，早对秋纹说："你快回去告诉袭人，说我的话，凭有什么事今儿都别回。若回一件，管驳一件；回一百件，管驳一百件。""正要找几件利害事与有体面的人开例作法子，镇压与众人作榜样呢。何苦你们先来碰在这钉子上。"后来果然有人撞上了枪眼，探春取消了宝玉、贾环、贾兰三人的上学补贴。

经过这番杀威棒，众媳妇们方慢慢地一个一个地安分回事，再不敢如先前轻慢疏忽了。

▷ 不可乱点的鸳鸯谱牒

吕布先被董卓当枪使来杀丁原，又被王允的枪貂蝉当枪使来杀董卓，终于落得"三姓家奴"的名声，最终因此丧命，可怜红色！凤姐挑唆秋桐，金桂甘舍宝蟾，也是借剑杀人。

赵姨娘"行出来的事总不叫人敬伏……不留体统，耳朵又软，心里又没有计算"是《红楼梦》里第一杆枪，魔魔法，是马道婆三言两语挑拨。蔷薇硝，先是贾环刺激："你不怕三姐姐，你敢去，我就伏你。"后是夏婆子添油加醋，架桥拨火儿，"但凡撑起来的，谁还不怕你老人家？如今我想，乘着这几个小粉头儿恰不是正头货，得罪了他们也有限的，快把这两件事抓着理扎个筷子，我在旁作证据，你老把威风抖一抖，以后也好争别的礼。"

探春一眼看穿，"这又是那起没脸面的奴才们的调停，作弄出个呆人替他们出气。"

这是明写，"辱亲女愚妾争闲气"是暗写，吴新登家的前脚才去了，"忽见"赵姨娘后脚进来，一把鼻涕一把泪地说："这屋里的人都踩下我的头去还罢了……姑娘现踩我，我告诉谁！……我这屋里熬油似的熬了这么大年纪，又有你和你兄弟，这会子连袭人都不如了，我还有什么脸？连你也没脸面，别说我了！"

探春搬出祖宗的规矩来，只说"我是按着旧规矩办"，强调"太太满心里都知道。如今因看重我，才叫我照管家务，还没有做一件好事，姨娘倒先来作践我"。最怕"倘或太太知道了，怕我为难不叫我管，那才正经没脸，连姨娘也真没脸"。

赵姨娘觉得，女儿高升，自然该拉扯自己，连带着沾些体面，而探春呢，想的是我若拉扯你，大家一起摔下来，那才正经没脸。

赵姨娘又说："如今你舅舅死了，你多给二三十两银子，难道太太就不依你？"

"你舅舅"，和刘姥姥的"你侄儿"，都是不可乱点的鸳鸯谱牒，犯了大忌，凤姐儿高高在上，不太在意，探春挣扎奋斗，若认了这个舅舅，岂不是又被拉扯到奴才堆里，哪里肯？因此没听完，已气得脸白气噎，抽抽咽咽地一面哭，一面问道："谁是我舅舅？我舅舅（王子腾）年下才升了九省检点，那里又跑出一个舅舅来？"

之前两人已经隔空交过一回手。探春为宝玉做鞋，没有贾环的份，赵姨娘气得抱怨得了不得，宝玉当个笑话，传到探春耳朵里。探春立马不干了，我又不是该做鞋的人，爱给谁给谁，谁管得着，探春强调"姊妹弟兄跟前，谁和我好，我就和谁好"，是要表明"什么偏的庶的，我也不知道"。

李纨劝解："姨娘别生气。也怨不得姑娘，他满心里要拉扯，口里怎么说的出来。"平儿传凤姐儿的话："奶奶说，赵姨奶奶的兄弟没了，恐怕奶奶和姑娘不知有旧例，若照常例，只得二十两。如今请姑娘裁夺着，再添些也使得。"

这两句都是好心好意，可在探春听来，无非是认可她与赵国基的舅甥关系，若真"再添些"，等于自甘下流，探春如何肯依？怒叱：

"这大嫂子也糊涂了。我拉扯谁？谁家姑娘们拉扯奴才了？他们的好歹，你们该知道，与我什么相干？"

"又好好的添什么，谁又是二十四个月养下来的？不然也是那出兵放马背着主子逃出命来过的人不成？你主子真个倒巧，叫我开了例，他做好人，拿着太太不心疼的钱，乐的做人情。你告诉他，我不敢添减，混出主意。他添他施恩，等他好了出来，爱怎么添了去。"

通篇之中，赵姨娘只说得一个情字（亲疏），探春只认得一个例字（贵贱），鸡同鸭讲。二十两银子，织就投名状，可怜赵姨娘，做了奴才的枪还不算，又成了女儿的礼。

第三章　吵架高手——麝月

▷ 丫鬟如何？

怡红院的几个丫鬟，晴有林风，袭乃钗副，芳官肖湘云，麝月似探春。凤姐赞待书那句唯一的台词："你果然回老娘家去，倒是我们的造化了。只怕舍不得去。"探春冷笑道："我们作贼的人，嘴里都有三言两语的。"说待书似其主，不如说麝月更妥当。因众丫鬟里头，不开口则已，一开口能震慑全场的，当数麝月。

早在第五回，麝月就出了场，然而有袭人、晴雯一干色彩浓重的人，麝月一直掩藏在后面，形象并不鲜明。直到大家都去玩，只她一人守屋子，宝玉为她篦头，麝月正式粉墨登场，以后精彩一幕接一幕。

晴雯撵坠儿，坠儿的母亲来和晴雯吵架，责说晴雯背地里叫唤"宝玉"这个名字，晴雯急红了脸，直接吵将起来："我叫了他的名字了，你在老太太跟前告我去，说我撒野，也撵出我去。"

"使力不使心"的红色吵架，为吵架而吵架，以吵架对吵架，永远解决不了问题。麝月先用话压住，讲的不是理，是身份："嫂子，你只管带了人出去，有话再说。这个地方岂有你叫喊讲礼的？你见谁和我们讲过礼？别说嫂子你，就是赖奶奶林大娘，也得担待我们三分。"

再说出道道来，说是道道，还是自家的身份："便是叫名字，从小儿直到如今，都是老太太吩咐过的……连昨儿林大娘叫了一声'爷'，老太太还说他呢，此是一件。二则，我们这些人常回老太太的话去，可不叫着名字回话，难道也称'爷'？那一日不把宝玉两个字念二百遍，偏嫂子又来挑这个了！"

最后还不忘羞挖苦一番："嫂子原也不得在老太太、太太跟前当些体统差事，成年家只在三门外头混，怪不得不知我们里头的规矩。这里不是嫂子久站的，再一会，不用我们说话，就有人来问你了。"更叫小丫头子来，"拿了擦地的布来擦地！"弄得坠儿娘无言可对，唉声叹气，口不敢言，只得带了坠儿抱恨而去。

后来轮到芳官的干娘何婆欺负芳官，袭人息事宁人，自拿了洗头的家当给芳官，不料羞得何婆责打芳官："没良心，花掰我克扣你的钱。"晴雯性子火暴，直接开骂："你老人家太不省事。你不给他洗头的东西，我们饶给他东西，你不自臊，还有脸打他。"没什么效力，何婆反驳："一日叫娘，终身是母。他排场我，我就打得！"

袭人有自知之明，且自恃身份，找来麝月："我不会和人拌嘴，晴雯性太急，你快过去震吓他两句。"

麝月听了，忙过来说道："你且别嚷。我且问你，别说我们这一处，你看满园子里，谁在主子屋里教导过女儿的？便是你的亲女儿，既分了房，有了主子，自有主子打得骂得，再者大些的姑娘姐姐们打得骂得，谁许老子娘又半中间管闲事了？……你们放心，因连日这个病那个病，老太太又不得闲心，所以我没回。等两日消闲了，咱们痛回一回，大家把威风煞一煞儿才好。宝玉才好了些，连我们也不敢大声说话，你反打的人狼号鬼叫的。"说得那婆子羞愧难当，一言不发。

"谁许老子娘又半中间管闲事了"一句，像极了凤姐弹妒意"横竖有教导他的人，与你什么相干！"正了名分，那婆子哪里还敢说什么。"连日这个病那个病，老太太又不得闲心，所以我没回"像极了凤姐哄李嬷嬷，"大节下老太太才喜欢了一日，你是个老人家，别人高声，你还要管他们呢，难道你反不知道规矩，在这里嚷起来，叫老太太生气不成？"

两场戏，麝月左一句老太太，右一句宝玉，横批一句大家规矩，三座大山压下来，谁敢不从。总之怡红院的地盘我做主，你们跟我们不在一个档次，闹什么闹，一边去。

没料到过了几天，何婆旧病复发，打完干女儿，又要打亲女儿春燕，袭人倒想学麝月："三日两头儿打了干的打亲的，还是买弄你女儿多，还是认真不知王法？"遭遇反击："姑娘你不知道，别管我们闲事！都是你们纵的，这会子还管什么？"宝玉这个不中用的只知道干着急："你只在这里闹也罢了，怎么连亲戚也都得罪起来？"

还是麝月出马，眼见大帽子不起作用，现官改现管："去把平儿给我们叫来！平儿不得闲就把林大娘叫了来。"只一句话，那婆子满面流泪，赔尽好话，从此降服。

麝月是安分守己的，大家出去玩自己守着；袭人不在，晴雯熏笼上围坐取暖，麝月叠被铺床，服侍宝玉睡觉。麝月是体贴照顾的，体谅袭人病了，让老妈子们歇歇，小丫头们玩玩。麝月是善解人意的，晴雯抱怨林之孝家的唠叨，麝月却能为他人想："他也不是好意的，少不得也要常提着些儿，也提防着怕走了大摺儿的意思。"

　　平时闲闲无语，关键时候又能挺身而出，麝月如何不得好评？所以王夫人说她好，平儿单告诉麝月留心坠儿，袭人出嫁，嘱咐"好歹留着麝月"，好比萧何荐曹，元直走马，为的是"虽不及袭人周到，亦可免微嫌小敝等患"。虎落平阳被犬欺，所谓微嫌小敝等患，是最损耗人的。而有麝月这样的能耐人，能挡掉多少小人的侵扰。

第十一篇

绿色篇

第一章　平　儿

▷ **以无厚入有间，秘诀是没有想法？**

平儿是凤姐唯一的心腹通房大丫头，李纨的比方打得好："我成日家和人说笑，有个唐僧取经，就有个白马来驮他；刘智远打天下，就有个瓜精来送盔甲；有个凤丫头，就有个你。你就是你奶奶的一把总钥匙。""凤丫头就是楚霸王，也得这两只膀子好举千斤鼎。他不是这丫头，就得这么周到了！"

平日里待人接物，不待凤姐开口，自能权衡轻重缓急。凤姐初会秦钟，事出偶然，平儿考虑到凤姐与可卿关系厚密，做主拿了一匹尺头，两个"状元及第"的小金锞子做表礼。为袭人找衣服，做主顺手另寻了件大红羽纱要给没大衣穿的岫烟，这些举动，想凤姐所想，为凤姐争面子，深得凤姐的心，所以凤姐笑说"所以知道我的心的，也就是他还知三分罢了"。

有时平儿竟还能提点凤姐，金钏死后，几家仆人孝敬奉承，凤姐疑惑，倒是平儿点明："他们的女儿都必是太太房里的丫头……如今金钏儿死了，必定他们要弄这一两银子的巧宗儿呢。"

这算小的，平儿的因机权变，维护凤姐形象，最在探春主政时。一边支持探春改革，该添该减的银子使用，兴利除弊的承包制，都称赞有诸般好处，一边说明凤姐因循旧例，又有诸般不得已的苦衷。既不奉承探春，又没说凤姐才短想不到，也没有唯唯诺诺应承，兼又喝止了没有眼色的媳妇，劝服其他各位管家媳妇不要闹事，挡住冒冒失失往里冲的秋纹，同时还不忘服侍探春梳洗，避猫鼠儿似的站了半日，弄得探春也罢了拿凤姐开例作法的心，连宝钗这样的高手都佩服她说话的本领："好丫头，真怨不得凤丫头偏疼他！"

凤姐厌五鬼，平儿哭得忘餐废寝，觅死寻活；贾琏挨了老爸的打，平儿咬牙切齿地骂贾雨村，可见平儿对凤姐和贾琏都是有感情的。作为凤姐陪嫁带过来的丫鬟，琏、凤之间，平儿是倾向于凤姐的，忠心赤胆，然而平儿从不拈酸吃醋、挑妻窝夫。

贾琏风流，专爱偷会，又总能留下马脚来，平儿从枕套中搜出一缕青丝，是平儿替贾琏遮掩过去。旺儿媳妇送来利钱银子，碰上贾琏在家，平儿虚晃一招"姨太太打发香菱妹子来问我一句话"，瞒天过海。贾琏没有体己银子安排二姐的后事，还是平儿将二百两一包的碎银子偷了出来递与贾琏。

不单好心，而且能忍。为了不造成凤姐的误会和自己的难堪，尽量避免和贾琏亲近，两人一两年才有一次"到一处"，比肩牛郎织女。

贾琏偷鲍二家的，凤姐撞见，两口子不好对打，都打骂平儿煞性子，平儿哭得稀里哗啦，第二日反忍辱负重与凤姐磕头，倒说："奶奶的千秋，我惹了奶奶生气，是我该死。"凤姐安慰平儿，让平儿一块吃饭，平儿依然屈一膝于炕沿上，半身犹立于炕下，陪凤姐儿吃了饭，服侍漱盥。

因此，以"贾琏之俗，凤姐之威"，平儿战战兢兢，如履薄冰，竟能周全妥帖。贾琏之俗，不过是左勾搭一个多姑娘儿，右勾搭一个鲍二家的，偷偷娶了尤二姐，发了狠，恐吓"把你膀子橛折了"，并非真心实意要做出来，尚好对付。而以凤姐之威，号称"醋缸醋瓮"，软弱无能者不胜任，精明强干者容不下，贾琏原有两个小妾，凤姐来了没半年，都寻出不是打发出去了，陪嫁的四个丫头，死的死，去的去，大浪淘沙，只剩平儿一个。平儿的秘诀，在于没有想法，有想法的都被更有想法的凤姐解决掉了。正如虚竹，只安心扫地洗碗，别说进入达摩堂，就连成为职事僧的想法也没有。

▷ 以菩萨之心，行杀伐决断之事

有一回，李纨感叹几个大丫鬟，老太太屋里的鸳鸯、太太屋里的彩霞（云）、凤姐屋里的平儿，并宝玉屋里的袭人，都是主子的得力助手，袭人不算，老太太、太太并凤姐三代内管家屋里的头面丫鬟可都是实权在握。鸳鸯公道，倒常替人说好话儿，不会依势欺人，然而鸳鸯借了老太太的威势，在诸主子面前有些轻狂，拿着凤姐、李纨玩笑；彩霞（云）凡百一应事都是她提着太太行，然而还偷偷拿了东西给贾环。真正从不狐假虎威的，只有平儿一个。

身为凤姐的臂膀，平儿整日周旋于贾琏、凤姐、众太太奶奶小姐并丫鬟媳妇婆子小厮之间，没有一点杀伐决断是不行的。探春梳洗时媳妇回事，王住儿媳妇大闹紫菱洲，都是平儿义正词严地驳了回去，春燕的娘大闹怡红院，平儿未出场，只一句"撵了出去，打他四十板子"就把春燕的娘吓得泪流满面，不敢再闹。

平儿有了杀伐决断，不仅不狐假虎威，滥用职权，而且因助人之心化为助人之力。迎春要救司棋，无能为力，平儿不同，以菩萨之心，行杀伐决断之事。

平日里帮着大家，提醒赵嬷嬷说名字，开导秋纹不要撞枪口，一为下人安心，二为主子顺心。奴仆们请个假、犯了错，都来求平儿就完了，平儿口头禅"得饶人处且饶人"，为此，平儿还挨了贾琏说她做人情。因此大家都说平姑娘为人很好，平儿生日，从赖林家起，上中下三等家人都来拜寿送礼，半为平儿身份，半为平儿素日待人。

平儿访得怡红院的丫鬟坠儿偷了虾须镯，第一件体谅宝玉在女儿身上的留心用意，恐宝玉被人抓到把柄；第二件免了老太太、太太生气；第三件顾全袭人、麝月等怡红院大丫鬟们的体面；第四件挂念生病的晴雯是个爆炭忍不住，单告诉麝月提防留心，等袭人回来找个借口打发出去，可谓面面俱到。可惜被宝玉这个口无遮拦的红色听到，转眼就传到晴雯耳里，闹出晴雯逐坠儿那一节，不仅晴雯病中生气，留下病根，而且为晴雯树敌，留下祸根，竖子不足为谋。

玫瑰露带出茯苓霜一案，平儿先如包青天一样查明事情的首尾，不曾冤枉了好人，又心存仁善，心念与彩云姐妹之情，并探春的体面，仍同意由宝玉一个人大包大揽承应了，摆平了彩云、玉钏。这一着，解救了被冤枉的五儿、柳嫂子一家不算，还免了彩云、玉钏的窝里炮，连同唆使彩云偷玫瑰露的赵姨娘，受赵姨娘牵累的探春、贾环，咸受其惠。

若纯粹是掩盖事实，不足为善，难在既能查明真相，又能和平解决。最难的一步是劝说凤姐放手，按凤姐的主意，拿了太太屋里的丫头垫着磁瓦子跪在太阳底下，柳家的革出号为挂误，还是平儿，劝凤姐得放手时须放手，一来凤姐毕竟是大老爷贾赦屋里的人，再操心二老爷贾政屋里的事也不顶用，平白结仇含怨，二来凤姐操劳太过，怀了一个哥儿还小产，不如睁一只眼闭一只眼，休息要紧。这一番话，说得凤姐都服，任由她发放。

这虾须镯、茯苓霜，还有累金凤几件事，既完了事，又不伤面子和气，**"大事化为小事，小事化为没事，方是兴旺之家"，平儿可谓绿色能者**。

第二章　绿色的慢性自杀

▷ 从字诀——尤氏

尤氏是有才的，料理薛蝌、岫烟定亲，十分妥帖，凤姐生日办得十分热闹，连耍百戏并说书一应俱全，处置份子钱也颇得当，还了平、鸳、彩云、周、赵二姨娘的份子钱，惠及下人。贾母错怪平儿，也得尤氏提拎："两口子不好对打，都拿着平儿煞性子。平儿委曲的什么似的呢，老太太还骂人家。"贾母才明白过来。贾敬暴毙玄真观，家中管事的男子都不在家，尤氏虽有些忙乱，但命人锁了道士候审，请了太医验看，又因天气炎热等不得，自行主持择了日期入殓，三日后便开丧破孝，一面且做起道场来等贾珍，体面周全，不在凤姐协理宁国府之下。

按理说，宁、荣不过是鲁卫之政，尤氏又有才，应该相去不远，事实不然。

宁府风俗是："头一件是人口混杂，遗失东西；第二件，事无专责，临期推委；第三件，需用过费，滥支冒领；第四件，任无大小，苦乐不均；第五件，家人豪纵，有脸者不服钤束，无脸者不能上进。"

尤氏命"派两个小子送了这秦相公去"，结果大总管赖二没派"两个"，没派"小子"，派了焦大，这个尤氏常常吩咐"不要派他事，全当一个死的就完了"的老奴。尤氏不过嘀咕了两句了事，可见尤氏平日待下太过宽厚，以致威令不行。

试想若是凤姐，赖二口中"有名的烈货，脸酸心硬，一时恼了不认人的"，哪敢不听？再者焦大恐也早被远远地打发到庄子上去了。凤姐说得明白："如今可要依着我，行错我半点儿，管不得谁是有脸的，谁是没脸的，一例现清白处治！"一日之间，威重令行，"这些无头绪、荒乱、推托、偷闲、窃取等弊，次日一概都蠲了"。

比不上凤姐，也比不上探春、李纨。探春洗脸，那丫鬟按礼双膝跪下，高捧沐盆，另两个小丫鬟在旁屈膝伺候，而尤氏洗脸，丫鬟炒豆儿捧了一大盆温水走至尤氏跟前，只弯腰捧着。李纨怪道"怎么这样没规矩"，而尤氏只说："你随他去罢，横竖洗了就完事了。"

尤氏的腰杆儿不直，娘家没什么根基是一个原因，贾珍能把府里翻过来，携娈夜赌，尤氏也就只能在窗外啐一口。李纨的丫鬟素云公然将自己的胭粉拿来给尤氏用，贾母房中饭不够了，竟拿了下人吃的白粳米饭打发尤氏，荣府看屋的三等婆子也敢不听尤氏吩咐，可见一斑。

然而最主要的还是尤氏的个性是不愿意惹事的。说得好听叫好性儿、厚道、宽容，说得难听，"又没口齿，锯了嘴子的葫芦，就只会一味瞎小心图贤良的名儿"。

凤姐派人捆了不听尤氏吩咐的婆子，被邢夫人质疑，尤氏反不替凤姐声张："连我并不知道。你原也太多事了。"绿色宁可无事，也不想得罪人，然而没得罪邢夫人，却伤了凤姐的心，此例一开，谁又愿意为尤氏说话做事？

后来贾琏偷娶尤二姐，尤氏本着"过于从夫"的守则，明知此事不妥，试图极力劝止，无奈贾珍主意已定，素日又是顺从惯了的，况且她与二姐本非一母，不便深管，因而也只得由他们闹去了。

待凤姐知道了，大闹宁国府，给尤氏没脸，"照脸一口吐沫啐道……拉着尤氏，只要去见官……滚到尤氏怀里，嚎天动地，大放悲声……把个尤氏揉搓成一个面团，衣服上全是眼泪鼻涕……哭着两手搬着尤氏的脸紧对相问……说着啐了几口"，百般羞辱，众姬妾丫鬟媳妇乌压压跪了一地，赔笑求情。尤氏受如此委屈，虽哭，也不过哭着说："何曾不是这样。你不信问问跟的人，我何曾不劝的，也得他们听。叫我怎么样呢，怨不得妹妹生气，我只好听着罢了。"

尤氏只是惹来一场没脸，没出什么大事，尤二姐和迎春就把命也搭了进去。

▷ **忍字诀——尤二姐**

香菱急着要等金桂进门，宝玉提醒："虽如此说，但只我听这话不知怎么倒替你耽心虑后呢。"香菱倒怪宝玉多事，亲近不得。

尤二姐一心指望着进荣府见大娘，好认祖归宗，名正言顺地做贾琏的妾，兴儿连忙摇手："奶奶千万不要去。我告诉奶奶，一辈子别见他才好。嘴甜心苦，两面三刀；上头一脸笑，脚下使绊子；明是一盆火，暗是一把刀，都占全了。只怕三姨的这张嘴还说他不过。奶奶这样斯文良善人，那里是他的对手！"二姐一笑了之："我只以礼待他，他敢怎么样！"

二人既没有李丰之女的威仪，又没有李势妹妹的镇静，碰上凤姐、金桂，河东狮吼，不输阵仗才是怪事。香菱好歹有宝钗救她于水火，二姐一个异父异母的姐姐且自顾不暇，唯一的靠山三姐倒有赵盼儿的手段，只是遇人不淑，已被湘莲冤死，否则和凤姐一拼值得期待，此系读红一恨。

兴儿警告过"一辈子别见他才好"，可是人微言轻，二姐一点也没听进去，急着要进荣府，不等贾琏回来商量，经不得凤姐几句劝，乖乖地把自己送入了凤姐的套，贾琏辛苦积年的体己私房钱，乖乖地一并交与凤姐；说好要去府里的，凤姐三两句打发了，又乖乖地改去大观园；进了大观园，又乖乖地由着凤姐变法子把自己原先的丫头打发出去，换了善姐。

不过三天，善姐便有些不服使唤起来，二姐才说一句："没了头油了，你去回声大奶奶拿些来。"善姐倒回了一大车，怪二姐不知好歹没眼色。主子说一句，奴才回十句，若是探春，只怕早一个巴掌过去，若是凤姐，只怕喝命捆起来跪瓦片晒太阳，而二姐居然"垂了头"，觉得凤姐这么忙，哪好意思打扰，将就些就将就些吧。

人善被人欺，既低头，善姐少不得连饭也是或早一顿，或晚一顿，都是剩饭剩菜。尤二姐说过两次，善姐反先乱叫起来。二姐又怕人笑自己不安分，少不得忍着。凤姐假意和颜悦色来问，二姐又怕善姐受委屈，自己落得不贤良的名声，反替他们遮掩。

二姐对下人一向和颜悦色，唤了兴儿一块吃饭，哄得兴儿把什么都交代了，倒算是知己知彼百战不殆之道，然而纵容善姐的不良，就是作践自己。

总以为忍过去就没事，这般将就着、忍耐着、遮掩着，又不想方设法走上层路线，抓乖卖俏讨好老太太，反被秋桐造谣，弄得老太太不喜欢，下人也跟着作践。二姐原是个花为肠肚雪作肌肤的人，几番磨折，要死不能，要生不得，"不过受了一个月的暗气，便恹恹得了一病，四肢懒动，茶饭不进，渐次黄瘦下去"。

> 到这等地步，绿色的心态依旧，亦不怨天，亦不尤人，只怪自己，只要忍耐："妹妹，我一生品行既亏，今日之报既系当然，何必又生杀戮之冤。随我去忍耐。若天见怜，使我好了，岂不两全。""既不得安生，亦是理之当然，奴亦无怨。"

可惜好人没好报，碰上了庸医，错用了一服药，竟将一个已成形的男胎打了下来，尤二姐无可悬心，吞金而逝。

▷ 拖字诀——贾迎春

迎春是贾赦之女，贾琏之妹，庶出，生母亡故，四姐妹中排行老二。按童话故事设定，老二说好听点是温柔，说不好听的是傻乎乎的，迎春、尤二姐同其例，老三呢，总是机灵活泼的，探春、尤三姐同其例。张爱玲也说过，三和七是俊俏的，二就显得老实。

十二钗中，迎春容貌不算出众，才情也不出众，除了下棋，风花雪月一概不会，诗社里一句未作，应制作诗"旷性怡情"不知所谓，行令是"桃花带雨浓"错了韵，炮竹谜也只有她和贾环猜得不对。

容貌、才情既不出众，也就令人无可想处。诗社的号是宝钗随口取的"菱洲"，"芦雪广争联"时迎春生病没份，宝玉只顾着自己："二姐姐又不大作诗，没有他又何妨。"咏菊时姐妹们三三两两，独她一个人在花荫下拿着花针穿茉莉花，贾母在亲友面前秀家中的女孩，只钗、黛、探、湘、琴，偏没了她和惜春二位。

幸好迎春是温柔沉默、随遇而安的，行错了令，猜不中谜，出不了场，贾环没趣，邢夫人没面子，迎春不过是一笑了之。

结社海棠，任由别人取了"菱洲"的雅号，也颇安心于"出题限韵"的"副社长"，将风流韵事拱手让与。限韵竟是拈阄公道："走到书架前抽出一本诗来，随手一揭，竟是一首七言律，递与众人看了，都该作七言律，"又叫丫头"你随口说一个字来"，又"要了韵牌匣子过来"，命丫头"随手拿四块"，定了盆、魂、痕、昏四字。虽说"限韵"，毕竟没有一个主意，幸而"出题"李纨代办了，否则不知如何出题。

这就是迎春的策略：随顺天意，不做决定。

乳母聚赌，迎春岂有不知，说了两次，不听也就算了。说得重了，人家恼了怎么办？岂不是自寻烦恼？因此不如不说。最生动是邢夫人责说时，迎春总"低着头弄衣带"，"半晌"方答，邢夫人一篇话，如打在棉花上，如泥牛入水。

后来老太太查赌，迎春的乳母该打四十大板，撵出不许再入。黛玉、宝钗、探春姐妹们物伤其类，都起身笑向贾母讨情，迎春呢？虽也觉没意思，自个儿反不求情："方才连宝姐姐林妹妹大伙儿说情，老太太还不依，何况是我一个人。我自己愧还愧不来，反去讨臊去。"

抄检大观园，查出情书信物，司棋求了迎春，指望迎春能死保救下的，迎春本就耳软心活，不是会求情的人，何况又事关风化，若上天发了慈悲，谁能说情留下司棋当然好，反正我是不去的。然而，她又不会拒绝司棋，要去求情的话，不过是为了一时安宁，顺口安慰而已，谁知反误了司棋另寻门路，由不得司棋抱怨："姑娘好狠心！哄了我这两日，如今怎么连一句话也没有？"到这时候，虽然含泪，虽然不舍，迎春能做的，无非就是拿个绢包给司棋做个想念罢了。

这般软弱，岫烟、平儿说得好听点，是"老实人""好性儿"，母亲邢夫人批她"心活面软"，嫂子凤姐直说"二姑娘更不中用"，底下人给她取诨名"二木头"，笑她"戳一针也不知嗳哟一声"，连自己的丫鬟绣橘急了都敢说她"怎么这样软弱""只是脸软怕人恼"。

而乳母正是因为试准了姑娘的性格，放纵不堪，竟私拿了一个攒珠累丝金凤当了做赌本，闹出来，迎春的丫鬟绣橘是个暴烈脾气，要去回凤姐，迎春劝道："罢，罢，罢，省些事罢。宁可没有了，又何必生事。"

恰巧迎春乳母儿子王住儿的媳妇进来，反打一耙，倒赖说迎春使了他们的钱。司棋病了，只能勉强过来，帮着绣橘问着那媳妇，迎春自己的事不争取，只要太平："罢，罢，罢。你不能拿了金凤来，不必牵三扯四乱嚷。我也不要那凤了。"劝止不住，也不再管，竟自拿了《太上感应篇》来看。

可巧探春走来，招来平儿，三言两语要发落此事，且问迎春主意。按理说，有了帮手，应该立起来才是，可迎春着实不在乎，只和宝钗阅《太上感应篇》故事，笑道："问我，我也没什么法子。他们的不是，自作自受，我也不能讨情，我也不去苛责就是了。至于私自拿去的东西，送来我收下，不送来我也不要了。太太们要问，我可以隐瞒遮饰过去，是他的造化，若瞒不住，我也没法，没有个为他们反欺枉太太们的理，少不得直说。你们若说我好性儿，没个决断，竟有好主意可以八面周全，不使太太们生气，任凭你们处治，我总不知道。"

奶娘丫鬟管教不严，赌博的赌博，偷东西的偷东西，会情人的会情人，却还觉得是"小题大做"，只要"八面周全，不使太太们生气，任凭你们处治"，真是"虎狼屯于阶陛，尚谈因果"。

仿佛自己不出主意，一切问题自会解决，司棋走了也无所谓，金凤钗有绣橘、探春帮忙，其实得不得她也不曾在意过，不幸嫁与中山狼，可怜金闺花柳质，一年多就被折磨至死。若是当日留下司棋，出嫁还有个靠，真是自作孽，不可活，可恨，可怜。

第三章 我是香菱，我不是祥林
——香菱（绿＋红）

香菱是《红楼梦》中最悲惨的一个，人称"红楼第一霉人"。

一生下来，老爸老妈取了个甄英莲（真应怜）的名字，老爸姓甄，老妈姓封，后来的老公姓薛，真（甄）风（封）雪（薛）交加中的莲花、菱花，三番五次被改名也没转过运来。

这么一个"粉妆玉琢，乖觉可喜"的女孩子，三岁被高僧诅咒"菱花空对雪澌澌"，而且还会"有命无运，累及爹娘"；五岁遇上不负责任的家人霍启（祸起），被拐；边养边打，边打边养，生生被拐子打怕了；养到十余岁被卖，若是卖给冯渊（逢冤），虽是做妾，冯渊却也立誓再不交结男子，也不再娶第二个了，倒也是一段好姻缘，从此公子小姐过上了幸福的日子了结此案，偏偏冯渊以为撞见了五百年风流冤业，酷爱的男风也不爱了，最厌的女子也不厌了，专等良辰吉日，偏偏拐子又卖了两家，偏偏遇上了呆霸王，目不识丁，唐寅识成庚黄，不通风情，会唱哼哼韵嗡嗡歌，把冯公子打个稀巴烂。偏偏贾雨村不念旧情，胡乱判决此案，父母、本名、年岁、家乡一概不知，嫁给薛蟠，偏偏又遇上了夏金桂，生活在狮子吼之下。

门子一句"谁料天下竟有这等不如意事"，说的是香菱没福嫁冯渊，却也说出香菱一生，自没有如意的事，比之薄命司诸人，岂不凄惨百倍。

虽然凄惨百倍，香菱有一种逆来顺受、随遇而安的能耐。 冯渊要娶，她自叹："我今日罪孽可满了！"何等认命。薛蟠抢来，侍候薛姨妈，间或和金钏玩得起劲，人家问她父母何处、今年多大、家乡哪里等话，也不曾勾起太多的忧伤，也许早就忧伤过了，反是问者叹息伤感一回。给了薛蟠做妾，一心一意服侍薛蟠，薛蟠挨了湘莲的打，香菱哭得眼睛肿了，不在林妹妹哭宝玉之下，薛蟠远行，也怀念"一片砧敲千里白，半轮鸡唱五更残"，斗草时荳官玩笑道破心事："你汉子去了大半年，你想夫妻了？便扯上蕙也有夫妻，好不害羞！"香菱听了那一红脸。

薛蟠要娶金桂，呆如宝玉，平日里看多了母亲和赵姨娘、凤姐和尤二姐的教材，都知道替她耽心虑后，偏偏香菱依旧很傻很天真地自以为得了护身符，又闻得是有才有貌的佳人，自然典雅和平，心中盼过门的日子比薛蟠还急十倍，完全没有什么妻妾之争，不是东风压了西风，就是西风压了东风的概念。

只要有一缕阳光，香菱就能灿烂起来的。 薛蟠离家躲羞，香菱不曾学懒起画蛾眉，弄妆梳洗迟，反央了宝钗，随宝钗进大观园住下。才进园子头一日，就跑到潇湘馆，拜起老师学起诗来。跟着几个小丫头也玩得很开心，不小心把裙子弄湿，恨骂不绝，宝玉过来，说起薛姨妈嘴碎，碰在心坎儿上，反倒喜欢起来了，换了裙子，又开始兴致勃勃地看宝玉葬花起来。临走还要叮嘱宝玉："裙子的事可别向你哥哥说才好。"宝玉笑道："可不我疯了，往虎口里探头儿去呢。"

香菱模样儿好，而且为人行事温柔安静，无人不怜爱，薛姨妈也觉得差不多的主子姑娘也跟她不上，因此摆酒请客，明堂正道地开了脸，与薛蟠做了妾，若没有金桂，也算是修得正果。

第十二篇

合论

第一章　名字，干卿底事？

▷ 名字，干卿底事？

奴仆原本叫什么不重要，主人喜欢叫什么就是什么，主人喜欢诗词的，唤作袭人，主人喜欢淡雅的，名叫素云，主人没文化的，叫同喜、同贵、平儿、丰儿。有鸳鸯、鹦鹉，琥珀、珍珠两两相对的，也有（抱）琴、（司）棋、（待）书、（入）画按着谱儿往下排的，还有替补的，珍珠跟了宝玉改叫袭人、鹦哥跟了黛玉改唤紫鹃之后，老太太那边又补了个鹦鹉、珍珠。

最喜欢替人取名字的是红色， 宝玉最有天分，"禄蠹""鱼眼睛"都是极精彩的，初见黛玉，入木三分送了"颦颦"二字，这不算，单看改名的：先是一个珍珠，因姓花，宝玉记起"花气袭人知昼暖"，随口起了"袭人"这个名字。后来四儿本名蕙香，宝玉拿了出气："明儿就叫'四儿'，不必什么'蕙香''兰气'的。那一个配比这些花，没的玷辱了好名好姓。"这还不算奇，且看芳官改名：

宝玉命芳官改了男装，想到"竟改了男名才别致"，因改作"雄奴"，芳官十分称心，两人又在那边瞎合计扮作土番，既如此，又取了番名，叫作"耶律雄奴"。

两人倒是商量妥帖了，可惜这名字难念，时常叫着错了音韵，或忘了字眼，甚至于叫出"野驴子"来，引的合园中人凡听见无不笑倒。宝玉恐怕作践了芳官，又重取了个番名"温都里纳"，意为"金星玻璃"，芳官更加喜欢。众人嫌拗口，仍翻汉名，就唤"玻璃"。

一日之内，四易其名。芳官不仅听了有理，处之泰然，还十分称心，甚至撺掇着宝玉把她当作小厮带出门去，可见也是个红色。

这引发了大观园的扮装热和改名热。

湘云见宝玉如此，她便将葵官也扮了个小子，又将葵官改了，换作"大英"。因她姓韦，便叫作韦大英，方合自己的意思，暗有"唯大英雄能本色"之语，何必涂脂抹粉，才是男子。

李纨、探春见了也爱，便将宝琴的豆官打扮成了一个小童，头上两个丫髻，短袄红鞋，只差了涂脸，便俨是戏上的一个琴童，宝琴反说琴童、书童等名太熟了，竟是荳字别致，便换作"荳童"。

这是为了好玩，如果犯了讳，想不改也不行。金莺避"金"字改作莺儿，芸香避"芸"字改作蕙香，小红也是"原叫红玉的，因为重了宝二爷，如今只叫红儿了"。再厉害点的，连姓也有专属权，赵太爷给了阿Q一个嘴巴："你怎么会姓赵！你那里配姓赵！"

即使在游戏中，黄色的控制欲也会小小发作一下。海棠社开，本该众姐妹各自取号，实际上全由李纨、探春和宝钗三个黄色不由分说搞定：李纨取了稻香老农、蘅芜君、怡红公子，探春取了蕉下客、潇湘妃子，宝钗取了菱洲、藕榭、枕霞旧友。

　　黄色对名字这种毫无意义的事情原本不大关注，不过命名既成了权利，就有了逐鹿的空间。夏家多桂花，女儿小名就唤作金桂。在家时不许人口中带出"金桂"二字来，但"桂花"二字如何禁止得住？因此唤作嫦娥花，取义广寒嫦娥之说，又寓自己身份如此。

　　到了薛家之后，见有香菱这等才貌俱全的爱妾在室，越发添了"宋太祖灭南唐"之意、"卧榻之侧岂容他人酣睡"之心，知道了香菱之名由宝钗所取，更是恨得牙痒，就先从名字下手，找出理由来："菱角花谁闻见香来着？若说菱角香了，正经那些香花放在那里？可是不通之极！"

　　偏偏香菱不接灵子，开始就事论事："不独菱角花，就连荷叶莲蓬，都是有一股清香的。但他那原不是花香可比，若静日静夜或清早半夜细领略了去，那一股香比是花儿都好闻呢。就连菱角、鸡头、苇叶、芦根得了风露，那一股清香，就令人心神爽快的。"越说越起劲，说到热闹头上，忘了忌讳："兰花桂花的香，又非别花之香可比。"

　　等的就是你犯错，宝蟾忙指着香菱的脸儿说道："要死，要死！你怎么真叫起姑娘的名字来！"

　　夏金桂嘴上显大度，直说没什么大不了的，却直指问题根本："但只是我想这个'香'字到底不妥，意思要换一个字，不知你服不服？"因"菱角菱花皆盛于秋"，改作"秋菱"。

　　和红色为了好玩而改名字相比，黄色对名字的关注更在于展现权威，彰显主权。改"秋菱"，一来证明自己学问胜过宝钗，二来证明秋菱是我的丫鬟，我的丫鬟我做主。

从以上看，蓝色并不喜欢帮别人改名字，也许是考虑太多的缘故。深疑紫鹃之名，是否黛玉所改？依黛玉的心思，外祖母给的丫鬟，我若改了名字，外祖母会怎么想？纵然外祖母不这么想，其他人会不会觉得我多事？会不会觉得我折腾？

▷ 红楼绰号谈

《水浒传》里上至一百单八将，下至东京大相国寺菜园左右的泼皮破落户，个个都有绰号，可惜没面目的太多，能记起来的太少，宋江"及时雨"、鲁达"花和尚"、李逵"黑旋风"，数人而已。一个聚啸芒砀山的地默星樊瑞，绰号"混世魔王"。王夫人轻轻一句孽根祸胎，不可沾惹，就把这个绰号安在宝玉身上，再脱不得。

《水浒传》里的绰号有体格特征：美髯公、青面兽、赤发鬼、九纹龙，最可爱的是矮脚虎配上一丈青；有职业特征的：圣手书生、神算子、神医；有武器特征的：铁笛仙、铁扇子、铁叫子一字排开；有武功特征的：没羽箭、混江龙，小李广一箭唬住了小温侯加赛仁贵，当然，还有不少是性格特征的：霹雳火、急先锋、拼命三郎。

相比之下，红楼人物以体格特征为绰号的也有，兴儿说黛玉"多病西施"，凤姐说是"美人灯"，都是一个意思：风儿一吹就倒。不过大多数绰号是因性格而取，不管事的叫"大菩萨"李纨、"二木头"迎春，带刺的叫"玫瑰花"探春、"爆炭"晴雯；使钱如土，只知吃酒赌钱、眠花宿柳的一对活宝叫作"呆霸王"和"傻大舅"；妖媚风流的两个小学生唤作"香怜""玉爱"；"河东狮"吼、"中山狼"嚎，哪里及得上海吃的"母蝗虫"可爱？懦弱无能的"多浑虫"娶了轻浮无比的"多姑娘"，又号"灯姑娘"，灯影之下，别具风姿。

《红楼梦》里呆人很多，以呆为号的，呆霸王、石呆子、诗呆子，多红色，偏偏呆子都不以自己为呆，"呆霸王"薛蟠声明"我又不是呆子"，"诗呆子"香菱作诗作到梦里，"石呆子"为扇甘愿赴死，想来也不会认为自己呆，而偏偏红楼第一"水晶心肝玻璃人"凤姐儿时常自称呆子。

所以呆不呆，不由自己评来，薛蟠之呆，是没文化，说话不经大脑；香菱之呆，是作诗的执着；而红楼第一呆当属宝玉，宝玉之呆，是见了燕子跟燕子说话，见了鱼跟鱼说话，下雨的时候自己不避雨，反叫人家避雨，自己烫了手反问别人烫了没，是姐姐当了妃子并不高兴，是潦倒不通世务，是存了要非黛不娶的呆根子。

宝玉外号颇多，不过面目比较单调，除"呆子"外，无论是王夫人说"混世魔王"、李纨言"绛洞花王（主）"，还是宝钗举出"无事忙""富贵闲人"，都是一个意思，闲得无聊、四处乱晃。

相形之下，凤姐的外号相当复杂，老太太眼中，凤姐是孙媳妇中第一得意人，说得无限笑话哄她开心，所以昵唤"泼皮破落户儿"，叫作"辣子"；贾琏眼中，凤姐不许贪吃，连平儿都不叫沾，所以暗中叫作"夜叉星"，所以兴儿说是"醋缸醋瓮"；下人眼里，凤姐脸酸心硬，所以叫作"巡海夜叉"，鲍二家的怕多一层，绰号也升一级，成了"阎王"；只可惜路遇的贾瑞无人可以述说心事，否则怎样的魅惑，该用什么绰号呢？

第二章 生活之色

蓝色的完美主义，让蓝色得以在所有性格中最具有才子才女的倾向，《红楼梦》中，写诗写得最好的黛玉、画画画得最好的惜春、唱戏唱得最好的龄官、茶道第一高手妙玉，莫不都是蓝色。红色对爱好的坚持度，让红色在这方面的成就不弱于蓝色，如刺绣最好的晴雯，结络子、编花篮最好的莺儿，还有调胭脂调得最好的宝玉。

黄色对事业而非生活品位的追求，即使有，也是为了显示自己成功的地位，而非对生活品位的追求，正如宝钗所说"原不是你我分内之事"，而绿色的淡然和不主动，使这两种颜色不太可能形成最有生活品位的性格。因此，袭人、宝钗虽然绣得好鸳鸯，探春虽然做得好鞋，比上晴雯，究竟落下一乘，迎春理应好棋，也未见出色。

▷ 昼短苦夜长，何不秉烛游

中国的传统文化，特别强调"人生天地间，忽如远行客"，各色人等，对人生无常的认识根深蒂固，但各色的人生选择依然不同，红色选择了"不如饮美酒，被服纨与素"这种"为乐当及时，何能待来兹"的人生态度；蓝色在"极宴娱心意"的同时，会想到"戚戚何所迫"，"对酒当歌"的下句，就是"人生几何"；黄色则强调"何不策高足，先据要路津"。

虽然圣贤如朱子，总在谆谆教导"少年易学老难成，一寸光阴不可轻"，然而又如圣贤孔子，哀叹"逝者如斯夫，不舍昼夜"的同时，点头赞赏"暮春者，春服既成，冠者五六人，童子六七人，浴乎沂，风乎舞雩，咏而归"；庄周痛苦"人生天地之间，若白驹之过隙，忽然而已"的时候，断下结论："吾生也有涯，而知也无涯。以有涯随无涯，殆已！"

李白在感伤人生苦短，"君不见高堂明镜悲白发，朝如青丝暮成雪"之后，高歌"人生得意须尽欢，莫使金樽空对月"，杜秋娘"劝君惜取少年时"也是要"花开堪折直须折"，鲍君徽惜花也要"不如尽此花下欢，莫待春风总吹却"，刘伶更绝，平时携酒出游不算稀奇，稀奇的是派人拿着铁锹跟着，"死便埋我"。

佛陀所说，上有虎，下有狼，两鼠噬藤，茫然而见一鲜美草莓，采莓尝之，曰："味美矣！"这种及时行乐的心态，红色是天生具备的。

宝玉四首《即事》诗"作尽安福尊荣之贵介公子"，写尽宝玉"每日只和姊妹丫头们一处，或读书，或写字，或弹琴下棋、作画吟诗，以至描鸾刺凤，斗草簪花，低吟悄唱，拆字猜枚，无所不至，倒也十分快乐"，可与金圣叹的《三十三则不亦快哉》合看，《芙蓉女儿诔》中怀念的，也是以前的种种快乐，怪不得林语堂感叹："可怜的拜伦，他一生中只有三个快乐的时候！"

另外一个安享荣华富贵的主是贾母，爱玩爱热闹爱寻快乐，生活兴趣爱好广泛，见识又广，吃喝玩乐，无所不通，吃要食不厌精，玩要新奇别致。老太太经历了风风雨雨，才明白吃喝玩乐才是生命的真谛，才是人生的目标。

贾母自幼好玩，同姊妹们天天玩去，还掉到水里磕破了头，现在七八十岁的高龄，兴趣依然不减，大雪天还跑到园子里凑个趣儿来赏雪赏梅，游园时自拣了一朵大红的菊花簪于鬓上，何等趣味！中秋赏月上凸碧山庄，王夫人虽"不过百余步"，但恐"石上苔滑"，建议"还是坐竹椅上去"，贾母倒愿意"天天有人打扫，况且极平稳的宽路，何必不疏散疏散筋骨"，众人搀扶而上。

贾母不仅自己好玩，更愿意拉着别人一起玩。清虚观打醮，拉着薛姨妈、纨、凤、钗、黛、玉、迎、探、惜等众人都去，老太太越发心中喜欢。这一日是车辆纷纷，人马簇簇，前面的已去了好远，这边门前尚未坐完。平日里跟孙子孙女孙媳妇们玩腻了，就找来"积古的老人家"陪着玩，老太太往常也进园子逛去，不过到一二处坐坐就回来了，带着刘姥姥一个园子倒走了多半个。

老太太玩的花样极多，有听戏，有斗牌，有灯谜，有两宴大观园，有三宣牙牌令，中秋赏月闻笛，元宵夜宴箫管，同是击鼓传花，元宵传红梅，中秋传桂花，都是应景的。演习吹打，明白"借着水音更好听"，中秋赏月，知道"如此好月，不可不闻笛"，笛声悠扬，烦心顿解，万虑齐除，大家齐声称赞不已，老太太指出"须得拣那曲谱越慢的吹来越好"，果真悲怨凄凉寂历，李渔再世，也要叹为知己；而且喜欢时不时"改个样儿"，宝钗生日她"蠲资二十两"，凤姐生日又"学那小家子大家凑分子"。

▷ 吃之色

对于马斯洛，吃只是一种生理需求，而对于中国人，吃很重要。孟子说"食色，性也"。湘云割腥啖膻大吃大嚼，自许"锦心绣口""是真名士自风流"之际，妙玉拿着梅花雪沏茶，讨论隔年蠲的雨水哪有这样轻浮之时，如何分清哪些是物质，哪些是精神？秋风起，张季鹰因思吴中菰菜羹，鲈鱼脍，遂命驾便归，是最优雅的典故。

大观园里，最馋的，无疑是一群红色，盘算着生吃鹿肉的宝玉和湘云，看见人家吃桃嘴馋贪吃、拉了肚子的老太太，被损为"母蝗虫"的刘姥姥，吃了宝玉的枫露茶、袭人的酥酪、晴雯的豆腐皮包子的李嬷嬷。

红色的吃，以变化为特色，虽然年纪大了，有些嚼不动，老太太还是"把天下所有的菜蔬用水牌写了，天天转着吃"。

比自己吃更有兴趣的，是给别人吃。给秦可卿"枣泥馅的山药糕"，让刘姥姥吃"茄鲞"，给凤姐"红稻米粥"，又指着"这一碗笋和这一盘风腌果子狸给颦儿宝玉两个吃去，那一碗肉给兰小子吃去"。唱戏的也常得赏，元宵节命拿"各色果子元宵"给"小孩子们"，中秋节"将自己吃的一个内造瓜仁油松穰月饼，又命斟一大杯热酒，送给谱笛之人"。

比给别人吃更有兴趣的，是看别人吃。贾母招供"看着多多的人吃饭，最有趣的"，中秋夜宴嫌人少，叫了鸳鸯、琥珀、银蝶同吃；为刘姥姥，是"两宴大观园"。

对于红色，不论什么东西，好玩就行，好吃就行，一时的口腹之欲很重要。宝玉很能折腾，到了姨妈家，嚷着要吃鹅掌、鸭信，躺在病床上，怀念起荷叶汤，天气热，要酸梅汤，下雪天，跟湘云琢磨怎么吃鹿肉，最喜欢吃的，还是胭脂，特别是女儿嘴上的。

薛蟠得了鲜藕、西瓜、鲟鱼、暹猪四样宝物，除了孝敬了母亲和长辈，留下些自己吃的，左思右想，除自己之外，"惟有你（宝玉）还配吃"此句堪比曹操"今天下英雄，惟使君与操耳"。有人考证出来薛蟠和宝玉两个呆子是同一天生日，不知道对错，然而两个呆子倒是呆呆相惜，薛蟠识得"庚黄"作的画，也只有宝玉还原得出来"唐寅"。据孟静在《八卦多一点》说，《红楼梦》模特大赛，几个参选宝玉的选手第二志愿都是薛蟠，可见百姓的眼睛都是雪亮的。

宝、蟠两个呆子，是红色相知，操、备之间，是黄色相知，终有性命相搏，即使将来性命相搏，也不背今日相知之语，正是今日相知，知明日必然逐鹿场上相见，无复念今日相知之情，不比关羽念旧，华容道上私放曹操；伯牙、子期是蓝色相知，致有摔琴之举，各尽不同之妙。

黄色的宝钗就没这么讲究，推说自己"命小福薄"，不配吃那些东西。黄色对吃穿等都不以为意，割腥啖膻那回，黛玉身子弱，吃了不消化，就只剩了宝钗没吃。

蓝色对品位的追求是无极限的，讲究的是"食不厌精，脍不厌细"和"肉不正不食"的高标准，吃不出来梅花雪水和旧年的雨水，那就是个大俗人。

猪八戒吃完了人参果，才知道没吃出味道，刘姥姥一口吃尽了老君眉，笑着说"好是好，就是淡些，再熬浓些更好了"。想来妙玉内心之不屑，可怜好好的一个成窑五彩小盖钟。

▷ 穿之色

喜欢奇装异服的张爱玲说："对于不会说话的人，衣服是一种语言，随身带着的袖珍戏剧。"衣服，也就是一个人的性格。据说，蓝色从军装和礼服设计出了西服，而红色则从典礼服创意出婚纱来。李纨的寡妇职业装和妙玉的道姑职业装例外，那完全是身份的需要，不代表着装人本意。岫烟的钗荆裙布那是家道贫寒所致，没得选择，和性格不大相关。

红色湘云最喜变化，不爱红妆爱男装，还特别喜欢穿别人的衣服，芳官也是个走中性路线，好事喜作各式打扮的，老太太簪了大红的菊花，刘姥姥插了一头花之后那手舞足蹈的兴奋劲，"我虽老了，年轻时也风流，爱个花儿粉儿的，今儿老风流才好"，其他性格学也学不来的。

人多道黛玉穿得素淡，其实蓝色黛玉一向小资，喜穿红色，以艳丽为主，一次在梨香院罩着大红羽缎对襟褂子，一次在稻香村罩了一件大红羽纱面白狐狸里的鹤氅，只有丧内着素一节，未曾明写，只从宝玉眼中看出越发出落得超逸了。全身缟素，未亡人潘金莲、康敏穿起来光艳四射，丧父的莺莺小姐穿起来迷翻了张生，宝玉眼中，只看出"超逸"二字，不知是何等心思？

黄+红的凤姐从来花枝招展、彩绣辉煌，不知低调为何物，在她眼里，黄色的袭人是省事的，就怕袭人奔丧回家失了体面，因此百般嘱咐："叫他穿几件颜色好衣裳，大大的包一包袱衣裳拿着，包袱也要好好的，手炉也要拿好的"，这还不放心，"临走时，叫他先来我瞧瞧。"

袭人是穷孩子出身，当然要衣锦还乡一把，亦舒说得对，真正有气质的淑女，从不炫耀她所拥有的一切，她不告诉人她读过什么书，去过什么地方，有多少件衣服，买过什么珠宝，因为她没有自卑感，说的就是宝钗。

宝钗是最省事的，从来不爱这些花儿粉儿的，得了宫花，一朵也不曾留，都给了姐妹，大观园的鲜花份例也不曾用过。相比之下，红色的晴雯留着二三寸长的指甲，金凤花染得通红，鸳鸯、金钏的口红秀色可餐，蓝色的黛玉也调着胭脂膏子，绿色的平儿理妆喜出望外。独独黄色的宝钗，几番出场都是"唇不点而红，眉不画而翠"。

并非宝钗不知道如何装扮自己，莺儿在宝玉跟前讨论一通松花配桃红，最爱葱绿柳黄，暗暗透出宝钗的审美。若还不信，看宝钗如何说络玉："若用杂色断然使不得，大红又犯了色，黄的又不起眼，黑的又过暗。等我想个法儿：把那金线拿来，配着黑珠儿线，一根一根地拈上，打成络子，这才好看。"把宝玉乐坏了，一叠声便叫袭人来取金线。

这是因为宝钗自许"淡极始知花更艳"，大红袄子穿在蜜合色（微黄带红）袄子内，连金项圈也嫌"沉甸甸的有什么趣儿"，是深藏于衣内，解了排扣才拿出来，唯恐他人知道。

未婚弟媳岫烟裙上系了一块探春送的玉佩，还被宝钗批了一顿富丽闲妆，"总要一色从实守分为主"，岫烟说要取下来，宝钗却又说"这是他（探春）好意送你"等话，想来薛宝钗笼着红麝串也是如此，那是我虽不爱，不可辜负元妃好意。

冬天下雪，众姐妹一色的大红猩猩毡与羽毛缎斗篷，三人例外：岫烟是穷，没有避雪之衣，不得不穿家常旧衣；李纨守寡不宜红，穿一件青色褂子，只有宝钗一件莲青鹤氅，宝钗心里根本不觉得这些是享受，也不认为这些就是美，宝钗追求的是"珍重芳姿""不语婷婷"，自然而然"淡极始知花更艳"。

宝钗对调脂弄粉兴趣索然，宝玉的心思又放在林妹妹身上，于是大把大把的时间节约下来，不仅修炼了学识和事理，而且成就了道德和勇气，朝鲜的明成皇后就是这样成为一代明主的。明成皇后最后凭借自己的智慧和坚毅，也许更多的是贤内助、姐姐和老师，然而终究赢得了高宗的心。

▷ 住之色

蓝色可卿的房子香甜得有点虚幻的仙境味道，蓝色黛玉的潇湘馆一进门，两边翠竹夹着羊肠小道，好似林妹妹九曲十八弯的玲珑心。房间空间很小，贾母主位之外，黛玉竟要丫鬟把自己窗下常坐的一张椅子挪到下首，方能请王夫人坐了，然而收拾得齐整，窗下案上设着笔砚，书架上垒着满满的书，像公子的书房。

红色宝玉的房间却像小姐的绣房，装饰极多、极精致，"四面墙壁玲珑剔透，琴剑瓶炉皆贴在墙上，锦笼纱罩，金彩珠光，连地下踩的砖，皆是碧绿凿花，竟越发把眼花了，找门出去，那里有门？"

老太太也是个喜欢装饰的，拿了银红的软烟罗，又名霞影纱的给黛玉糊窗，命人取来"那石头盆景儿和那架纱桌屏，还有个墨烟冻石鼎"摆在宝钗房里，"再把那水墨字画白绫帐子拿来，把这帐子也换了"，自许"最会收拾屋子的……如今让我替你收拾，包管又大方又素净"。

黄色李纨的稻香村，富贵气象一洗皆尽，我们可以说是守寡、忌讳，然**而宝钗素淡无比的蘅芜苑，则可以说明黄色的特征：**

及进了房屋，雪洞一般，一色玩器全无，案上只有一个土定瓶中供着数枝菊花，并两部书，茶奁茶杯而已。床上只吊着青纱帐幔，衾褥也十分朴素。

王夫人、凤姐送来的玩器也都退了回去。只有那副楹联"吟成豆蔻才犹艳，睡足荼蘼梦亦香"说出了宝钗的想法：有吟成豆蔻之才，自然就艳了，何必假借那些器物？

若说宝钗是装的，恐怕并不可信。要是老太太、王夫人喜欢这套，宝钗装装也许还有些理，可是老太太明摆着不喜欢，王夫人也未必喜欢这样的特立独行，因此，宝钗完全没有装的必要。

唯有蘅芜苑院子里许多异草，"或有牵藤的，或有引蔓的，或垂山巅，或穿石隙，甚至垂檐绕柱，萦砌盘阶，或如翠带飘摇，或如金绳盘屈，或实若丹砂，或花如金桂，味芬气馥，非花香之可比。"宝玉指出茝、葛、芸、芷，或许暗有比宝钗为屈原之意，良臣见弃，美人迟暮。

相对而言，潇湘馆多竹，探春玩笑着指出黛玉爱哭，将来她想林姐夫，那些竹子都要变成湘妃竹才是，因此取号潇湘妃子，比娥皇女英。

蓝色性格让黛玉的潇湘馆以小而精致见长，黄色性格让探春的秋爽斋潇洒大气，"素喜阔朗，这三间屋子并不曾隔断。当地放着一张花梨大理石大案，案上磊着各种名人法帖，并数十方宝砚，各色笔筒，笔海内插的笔如树林一般。那一边设着斗大的一个汝窑花囊，插着满满的一囊水晶球儿的白菊。西墙当中挂着一大幅米襄阳《烟雨图》，左右挂着一副对联，乃是颜鲁公墨迹……案上设着大鼎。左边紫檀架上放着一个大观窑的大盘，盘内盛着数十个娇黄玲珑大佛手。右边洋漆架上悬着一个白玉比目磬，旁边挂着小锤。"

同时，第二色的红色探春也喜欢一些"朴而不俗，直而不拙"的轻巧玩意儿，如让宝玉上街带"柳枝儿编的小篮子，整竹子根抠的香盒儿，胶泥垛的风炉儿"，宝玉派晴雯送鲜荔枝，特用了缠丝白玛瑙碟子，探春说了好看，连碟子留下。

▷ 笑之色

黛玉进府，一群人围着老太太和黛玉说话，都不敢大声，那远远的笑声从后院传来："我来迟了，不曾迎接远客！"画出凤姐。宝琴说起真真国女孩的诗，湘云过来，未见其形，先闻笑声："那一个外国美人来了？"

《红楼梦》里最精彩的一段笑，是刘姥姥二进荣国府，游大观园时有一段表演：

贾母这边说声"请"，刘姥姥便站起身来，高声说道："老刘，老刘，食量大似牛，吃一个老母猪不抬头。"说完自己却鼓着腮不语。众人先是发怔，后来一听，上上下下都哈哈大笑起来。史湘云撑不住，一口饭都喷了出来；林黛玉笑岔了气，伏着桌子嗳哟；宝玉早滚到贾母怀里，贾母笑的搂着宝玉叫"心肝"；王夫人笑的用手指着凤姐儿，只说不出话来；薛姨妈也撑不住，口里茶喷了探春一裙子；探春手里的饭碗都合在迎春身上；惜春离了座位，拉着他奶母叫揉一揉肠子。地下的无一个不弯腰屈背，也有躲出去蹲着笑去的，也有忍着笑上来替他姊妹换衣裳的，独有凤姐、鸳鸯二人撑着，还只管让刘姥姥。

红色如湘云"撑不住，一口饭都喷了出来"，薛姨妈"也撑不住，口里茶喷了探春一裙子"，宝玉"早滚到贾母怀里"，黄+红的探春也"手里的饭碗都合在迎春身上"，都不是一般的激烈和夸张。唯一稍好一点的贾母"笑的搂着宝玉叫'心肝'"。

而蓝色如黛玉"笑岔了气，伏着桌子嗳哟"，惜春"离了座位，拉着他奶母叫揉一揉肠子"，动静小很多。同样撑不住，黛玉只伏着桌子嗳哟，湘云却已把饭喷出来；同样选择了到长辈怀里，宝玉是"滚"到贾母怀里，而惜春仅仅"离"了座位。

王夫人"笑的用手指着凤姐儿，只说不出话来"，是因身份。凤姐、鸳鸯两个始作俑者"撑着，还只管让刘姥姥"，李纨理应侍立，也不便笑。

在座的，只有宝钗、迎春两人未笑。绿色的迎春是"戳一针也不知嗳哟一声"的不敏感，不笑、后笑、不大笑，也在情理之中，甚至探春的碗合在自己身上也未见有什么激烈的举动。

黄色的宝钗稳重和平，在老太太、姨母王夫人、母亲薛姨妈三位长辈面前，追求淑女形象，不能露出轻狂模样，是以不笑。

写一人，肖一人，作者堪当此评。

▷ 诗之色

单从诗词上来判断文人骚客的性格，要说百分之百准确，是没有的事，然而诗为心声，毕竟还是有些影子的，高歌"白发三千丈，缘愁似个长"的李白近于红色，低吟"白头搔更短，浑欲不胜簪"的杜甫或是蓝色。陈子昂感遇，用"翡翠巢南海，雄雌珠树林"，张九龄感遇，用"孤鸿海上来，池潢不敢顾"。

才子佳人传中，贴身丫鬟都是受了感染，通得书画、作得诗词的。求诸历史，只有汉代郑玄的婢女达到这个标准，他的婢女在泥地里罚站，另一婢女过来问："胡为乎泥中？"（为什么站在泥里？），这个婢女回答"薄言往诉，逢彼之怒"（过去解释问题，碰上主人在气头上），两句都是《诗经》里的句子。

《红楼梦》的丫鬟，没有一个会作诗的，倒还不如黛玉檐前的鹦鹉，还能背上几首。《红楼梦》的小姐，有会的有不会的，作的虽不算什么千古名篇，毕竟是本家风貌，最难得的是体现了个人的风格。

同是柳絮词，都有送春之意，然而蓝色黛玉哀伤"漂泊亦如人命薄"，太过悲戚，红色湘云分明是宝玉夜宴怡红留客"且住，且住！"宝琴的《西江月》，声调虽壮，但也远不及宝钗翻的《临江仙》能见黄色精神："好风频借力，送我上青云！"

同样是菊花诗，宝钗"谁怜为我黄花病，慰语重阳会有期"（《忆菊》），探春"明岁秋风知再会，暂时分手莫相思"（《残菊》）都是寄望于未来，豁达开朗，而黛玉但伤知音稀：

满纸自怜题素怨，片言谁解诉秋心。（《咏菊》）
孤标傲世偕谁隐，一样花开为底迟？（《问菊》）
醒时幽怨同谁诉，衰草寒烟无限情。（《菊梦》）

《天问》中屈原以上百个问题，从天追问到地，从禹追问到当时的楚国，屈原在《离骚》中问道："众不可户说兮，孰云察余之中情？""世幽昧以眩曜兮，孰云察余之善恶？"蓝色对世界的信任感的缺失，使蓝色对知己有特别的需求。屈原如此，黛玉同样如此。

这种诗路也贯穿黛玉前后的作品：

眼空蓄泪泪空垂，暗洒闲抛却为谁？（《题帕三绝句》）
娇羞默默同谁诉，倦倚西风夜已昏。（《咏白海棠》）
叹今生谁拾谁收？（《唐多令》）

更以《葬花吟》为著：

花谢花飞花满天，红消香断有谁怜？
……
桃李明年能再发，明年闺中知有谁？
……
明媚鲜妍能几时，一朝漂泊难寻觅。
……

昨宵庭外悲歌发，知是花魂与鸟魂？

……

天尽头，何处有香丘？

……

尔今死去侬收葬，未卜侬身何日丧？

侬今葬花人笑痴，他年葬侬知是谁？

哀怨之意如此。

第三章　红楼拍马术

▷ 马屁决定成败

元妃省亲，方见宝、林二人亦发比别姊妹不同，真是姣花软玉一般，因问："宝玉为何不进见？""因问"二字，点出元春见了钗、黛两个小表妹，就想起宝玉的终身大事来。两个候选人，免不了一场PK。对于老太太、太太，那是持久考，一年两年三年考下去亦无妨，但对于元春，两人容貌相当，偶然一面，如何定夺？

考试应制诗。应制诗都以颂圣为主，迎、探、惜、纨、钗、黛众姐妹及宝玉，多有述大观园之华丽，比元春为神仙下凡等句，虽说"在宝卿有生不屑为此，在黛卿实不足一为"，但宝钗随手写来，仍以拍马为上：

芳园筑向帝城西，华日祥云笼罩奇。（园景，不足为奇，"芳园"二字承元妃"芳园应锡大观名"句来）

高柳喜迁莺出谷，修篁时待凤来仪。（比凤凰，尚不足奇）

文风已着宸游夕，孝化应隆遍省时。（比到文风、孝化，大题目）

睿藻仙才盈彩笔，自惭何敢再为辞？（再比文藻，在诸姐妹之上）

冯延巳拍五代南唐中宗李璟未若陛下"小楼吹彻玉笙寒"，李璟、冯延巳都是一代词家，是拍人长处，为正拍法。贾芸拍凤姐"料理的周周全全"，凤姐本以卖弄能干为得意事，是正拍法。

元春刚刚讲过："我素乏捷才，且不长于吟咏，妹辈素所深知。"上位者自谦，下位者偏要拍之，是为反拍，宝钗深得此诀。

这还不算，宝钗看到宝玉写道"绿玉春犹卷"，急忙指出元春不喜"红香绿玉"，建议宝玉改成"绿蜡春犹卷"，这是避免拍错马腿的正拍计。又翻出"绿蜡"的典故，喜得宝玉这红色的人不看场合乱捧："从此后我只叫你师父，再不叫姐姐了。"

元春不喜"红香绿玉"，改了"怡红快绿"，故宝钗从之。宝钗之从，因知元春是贵妃娘娘，不可违拗。

宝钗是目标明确的，知道应制诗为何而作。元春不仅改了"怡红快绿"，还把"稻香村"改成"浣葛山庄"，且看黛玉如何？

黛玉原来安心今夜大展奇才，将众人压倒，已是大违应制诗的本意。应制诗原该应景，意思意思，哪里是让你展奇才了！元春已经自谦在先，又只命一匾一咏，难不成还真的让你压过头去？黛玉真是搞错了方向，又见没有机会施展，还十分郁闷，只胡乱作了一首五律。"花媚玉堂人""何幸邀恩宠"之句，虽有颂圣，但没有拍到点子上。而且"借得山川秀，添来景物新"中，"借"字颇失应制诗的本分，以元春的身份和性格，必然不喜。周济论史达祖喜用"偷"字，以此定出其品格，"借"字也显出黛玉寄人篱下的心态，后来咏白海棠又露出"偷来梨蕊三分白，借得梅花一缕魂"的句子来，只落第二乘。

自己的没作好，看宝玉大费神思，恨不得都替他作了，见他有了三首，于是吟成一律，传个纸条给他。黛玉只顾着一气呵成，又把应制的大题目撇在一边。"一畦春韭熟，十里稻花香"，偏犯"稻香"之名。元春倒也自省，指"杏帘"一首为前三首之冠，将"浣葛山庄"改为"稻香村"。但是，硬把上位者的苗头扭过来，元妃能爽吗？

毋庸置疑，宝钗与黛玉的马屁功夫根本不是一个等级。前者深谙此道，后者门都没摸到。前者不屑好诗，后者不屑马屁。我们就没见过林妹妹有意要去拍谁的马屁，但如此便分了高下。

一番考试，正为宝玉择媳，毕竟宝钗略胜，果然过不多久，元春凭着这第一印象加唯一印象，赐了宝钗与宝玉一般的礼，暗示中意宝钗做宝二奶奶，也算是有眼力，知道有人能为己所爱者谋划周全、提点照顾，等于分去自己的担子。

▷ 马屁即孝道——薛宝钗

四大家族中，贾家男孩中珍、琏、宝玉、环都不好读书，女孩中也没人比得上钗、黛、湘；史家单论湘云不错；王家是武官出身，不在乎读书写字，凤姐从小假充男儿教养，却不曾识字，王夫人、薛姨妈也都不是文化水平很高的人；薛家是皇商出身，见多识广，反而对此特别在意，四个子弟中只有薛蟠是个文盲。

父亲死后，宝钗见哥哥不能依贴母怀，便不以书字为事，只留心针黹家计等事，好为母亲分忧解劳。秋日里天气凉爽，夜复渐长，宝钗遂至母亲房中商议打点些针线来。日间至贾母处、王夫人处省候两次，不免又承色陪坐半时，园中姊妹处也要度时闲话一回，故日间不大得闲，每夜灯下女红必至三更方寝。寡母训女多少温存，活现在纸上。

孝道，孔子说无违，孟子说悦亲，从另外一个方面来说，就是"随分从时"，拿时尚的话说，就是拍马屁，而且是正经马屁。

明白"那上头穿黄袍的才是你姐姐"，明白不喜元妃"红香绿玉"，用绿蜡替去绿玉，是孝。称赞元妃"无甚新奇"的灯谜难猜，是孝。

这孝，引来元妃端午节赐予与宝玉一样的赏赐，并暗有指婚之意。笼着红麝串，也是孝。

本来女孩儿戴个镯子、香珠吸引心仪的男孩也是人之常情，不要说这是无可非议的，甚至是值得赞赏的，不过总有些礼教之徒心怀不满，偏说是配合金锁和冷香丸，勾引宝玉的道具，自己心里是如何想法，偏说人家心里是这般想法。这里不得不为宝钗掰个谎，说说这红麝串。

细读一遍二十八回便知，黛玉和迎、探、惜三姐妹都有宫扇两柄和红麝香珠两串，宝玉、宝钗多得的是凤尾罗二端、芙蓉簟一领，宝钗所笼，本就是众姐妹连同老太太、贾政、王夫人、薛姨妈都有的红麝串，并非宝玉、宝钗独有之礼，口水可以休矣。也因此，称为"羞笼红麝串"，在宝钗是礼是孝，不可误读。

贾母给宝钗过生日，宝钗迎合老太太往日的喜好，只说喜欢热闹戏文，爱吃甜烂之食，使得老太太更加欢悦，是孝。点戏必先推让一遍，才点了一折《西游记》，后来又点了一出《鲁智深醉闹五台山》，为着老太太喜欢热闹的缘故，是孝。凤姐约宝钗看戏，宝钗怕热不去，贾母再命，宝钗就答应了，也是孝。

对于宝钗，喜不喜欢不是问题，应不应该更重要。甜烂之食、热闹戏文与我无损，与孝有益，为什么不用呢？

同理，恭维老太太说"凤丫头凭他怎么巧，再巧不过老太太去"，是孝。这孝，引来老太太的当众称赞："提起姊妹，不是我当着姨太太的面奉承，千真万真，从我们家四个女孩儿算起，全不如宝丫头。"直压过元妃。要知道《红楼梦》中，只有别人拍老太太，没有老太太拍别人的，宝钗之功力由此可知。

宝钗的马屁均名正言顺，直截了当，又都拍在要害之处，可谓马屁贵精不贵多。

▷ 拍者，诡道也——王熙凤

宝钗毕竟是个有文化的，她的马屁搭上了孝道，专为贾母、元春等高级人物定制，不轻易出手，点到即止。凤姐虽然没文化，一概是市俗取笑，但她的马屁随时有、拍到尽，出奇制胜。

凤姐初出场，就是一场马屁秀。

初露面第一句话"天下真有这样标致的人物，我今儿才算见了！"极夸黛玉美色，实是以往未曾梦见，惊为天人，"真""才"二字见精彩。

第二句"况且这通身的气派，竟不象老祖宗的外孙女儿，竟是个嫡亲的孙女，怨不得老祖宗天天口头心头一时不忘"，明拍黛玉，近拍迎春、探春，远照元春，而总之为拍老祖宗，一语出而拍五人，凤姐可谓红楼拍派第一高手。

第三句"只可怜我这妹妹这样命苦，怎么姑妈（贾敏）偏就去世了！"说哭就哭，因贾母说："我才好了，你倒来招我。"又忙转悲为喜（第四句）："正是呢！我一见了妹妹，一心都在他身上了，又是喜欢，又是伤心，竟忘记了老祖宗。该打，该打！"哭笑自如，拍心一刻不离老祖宗与黛玉。

第五句"在这里不要想家，想要什么吃的，什么玩的，只管告诉我，丫头老婆们不好了，也只管告诉我。"仍是借讨好黛玉，来讨好老祖宗。

凤姐的马屁，目标是极清楚的，唯有老太太这一个中心。尤氏来和凤姐商议怎么办生日，凤姐一句话点出："你不用问我，你只看老太太的眼色行事就完了。"

单认准目标也是不够的，老太太跟前每天那么多人凑趣，寻常马屁才不入她老人家法眼，唯有凤辣子的奇巧马屁，总能说到老太太心坎儿里。拿着贾母"躲债""嫌人肉酸"取笑，钱箱是会招钱的，磕破了头是福寿满了，鸳鸯是调理的水葱儿似的，怎么怨得人要？有一回回目写作"王熙凤效戏彩斑衣"，种种变化，从不雷同，只求哄得老太太开心。

作为马屁高手，不仅任何题目都难不倒她，而且屡出险招，亮出空手入白刃的手段，让人叹为观止。

贾母说到小时撞破了头，凤姐不等人说，先笑道："那时要活不得，如今这大福可叫谁享呢！可知老祖宗从小儿的福寿就不小，神差鬼使碰出那个窝儿来，好盛福寿的。寿星老儿头上原是一个窝儿，因为万福万寿盛满了，所以倒凸高出些来了。"把老太太都笑软了，只叫撕嘴。

"鸳鸯誓绝鸳鸯偶"那一回，贾母错怪了王夫人，探春点醒后又怪宝玉、凤姐不提着。凤姐倒派老太太的不是，一下子把话题岔开，让人只等下句，她又道："谁教老太太会调理人，调理的水葱儿似的，怎么怨得人要？我幸亏是孙子媳妇，若是孙子，我早要了，还等到这会子呢。"有点类似于"这个婆娘不是人，九天仙女下凡尘。儿孙个个都是贼，偷得蟠桃献母亲"这样的民间智慧，三两句便化险为夷，将一场尴尬消弥于无形。

若没有这"好刚口"，如何成为贾母离不了的"猴儿"，如何当得了贾府的内管家？

▷ 村言本色——刘姥姥

刘姥姥一进荣国府时，还显得有些拘谨："来至荣府大门石狮子前，只见簇簇轿马，刘姥姥便不敢过去，且掸了掸衣服，又教了板儿几句话，然后蹭到角门前。只见几个挺胸叠肚、指手画脚的人，坐在大板凳上说东谈西呢。刘姥姥只得蹭上来问……"这两个"蹭"，极得神理。

转到后门，拉住小孩问得也极在意："我问哥儿一声，有个周大娘可在家么？"

待到见了凤姐儿，也是"未语先飞红的脸"，还"扭扭捏捏在炕沿上坐了"。

各位看官，千万不要被假象所迷惑，这不过是畏惧"侯门深似海"，并非本色。凤姐先告艰难，"殊不知大有大的艰难去处"，刘姥姥只当是没有，心里便突突的，后来听凤姐许了二十两银子，喜得浑身发痒起来，说道："嗳，我也是知道艰难的。但俗语说，'瘦死的骆驼比马还大'，凭的怎么样，你老拔根寒毛比我们的腰还粗呢！"

这才是刘姥姥的本色，以粗俗的原生态见长，若是文绉绉的，大观园里司空见惯，有什么意思？正因粗俗，往往在意料之外，收奇兵之效。

刘姥姥二进荣国府，老练许多，初见贾母，"忙上来陪着笑，福了几福"，口里说"请老寿星安"，哪来一丝扭捏？又编出些村话，见贾母和哥儿姐儿们都爱听，便摸出了门道，有了信心。

等第二日进了大观园，更是了不得，使出浑身解数来搞笑。先是任凤姐"将一盘子花横三竖四的插了一头"，众人笑道："你还不拔下来摔到他脸上呢，把你打扮的成个老妖精了。"刘姥姥却笑道："我虽老了，年轻时也风流，爱个花儿粉儿的，今儿老风流才好。"

潇湘馆路滑，摔了一跤，爬起来笑着说："才说嘴就打了嘴。"看到鹦鹉，"谁知城里不但人尊贵，连雀儿也是尊贵的。偏这雀儿到了你们这里，他也变俊了，也会说话了。"

待到吃饭，凤姐、鸳鸯给她"一双老年四楞象牙镶金的筷子"，刘姥姥便道："这叉爬子比俺那里铁掀还沉，那里犟的过他。"吃饭前又突然莫名地来一句自嘲："老刘，老刘，食量大似牛，吃一个老母猪不抬头。"

刘姥姥误认鸽子蛋是鸡蛋，说："这里的鸡儿也俊，下的这蛋也小巧，怪俊的。我且攮一个。"鸽子蛋掉在地上，刘姥姥叹道："一两银子，也没听见响声儿就没了。"

凤姐开玩笑说银筷子试毒，刘姥姥道："这个菜里若有毒，俺们那菜都成了砒霜了。那怕毒死了也要吃尽了。"

从某种意义上讲，刘姥姥的滑稽和自嘲，还没有达到中国古代俳优谈笑之间，劝诫君主的水准，更近于生旦净末丑中的丑角，也就是鸳鸯所说的"女篾片"。

刘姥姥虽不懂大家规矩，但心里跟明镜似的，天降的机会，一张老脸值什么，当然是越丑怪搞笑越好，这般自嘲和滑稽，忽悠得众人已没心吃饭，都看着她笑。不仅把笑话都往自己身上招呼，而且很明白自己的身份，心态颇好。

《西厢记》中，张生初见莺莺，"他那里尽人调戏，亸着香肩，只将花笑拈。"金圣叹评说："'尽人调戏'者，天仙化人，目无下土，人自调戏，曾不知也。彼小家十五六女儿，初至门前便解不可尽人调戏，于是如藏如闪，作尽丑态。又岂知郭汾阳王爱女晨兴梳头，其执栉进巾，捧盘泻水，悉用婢牙将哉！"小家碧玉，才会躲躲闪闪的，真正大大方方的人，开玩笑就开玩笑，不会逃避，也不会因为这个伤了自尊。

刘姥姥从头就明白："倒还是舍着我这副老脸去碰一碰。果然有些好处，大家都有益，便是没银子来，我也到那公府侯门见一见世面，也不枉我一生。"把退路都想明白了，最多丢个脸，也没什么。后来凤姐、鸳鸯赔不是时，刘姥姥说："姑娘说那里话，咱们哄着老太太开个心儿，可有什么恼的！你先嘱咐我，我就明白了，不过大家取个笑儿。我要心里恼，也就不说了。"就这样，刘姥姥借着大俗胜雅的马屁、笑话和故事，得了无数的银子、衣、药、果、米，收获颇丰。

后记

很想借这个机会，来聊聊乐嘉老师。

初识乐老师，是在他的性格色彩课堂上。最深刻的印象，他每次上课都要到午夜，恨不得把所知道的全部输送给学生，然后，等他回了家，还会把一天的培训都记下来。第二天一早，又开始准时上课，那时候总是佩服他精力真的好，不知疲倦的样子，现在想来，真是像他自己所说，是拿生命在上课啊。后来参加了第二期导师班，听他讲挤牙膏的故事，这个故事他讲过很多遍，但是每次听他讲，都有新的收获，而他自己也常说，每次讲的感受也不一样。我常常用这个故事来说：成功背后都是大家看不到的努力和勤奋。

乐老师常说，他要做个"送奶工"，把性格色彩这杯"奶"送往更多的人家。他总是希望有更多的人一起来完成这个事业。有一天晚上，一起在浦东吃饭，坐乐老师的车回家，聊着性格色彩，聊起我的《史上最全红楼人物关系图》，乐老师就说可以写一本书，把《红楼梦》和性格色彩结合起来。写书也算是我的人生梦想之一，所以一拍即合，一路聊到家门口，还没聊完，下了车，在昏黄的路灯下，一起订下了计划，这就是创作此书最初的缘由。

很自豪地说，《性格色彩品红楼》是第一本性格色彩和某个具体领域相结合的书，证明了性格色彩可以和每个人的工作、兴趣相结合。但是，《性格色彩品红楼》的文字整体上是偏文学化的，可能在阅读上还不够通俗易懂。而等到写《性格色彩品三国》的时候，乐老师就提出了新要求，要求把文言部分都去掉，变得更加通俗，就像白居易的诗一样。通俗不是为了通俗而通俗，是为了能让更多的人读懂，通过读懂，能够对人的性格有所了解，能够在生活及职场上更进一步。

我说我不知道怎么写，因为改变习惯很痛苦。乐老师对待文字是很严厉的，他给我提出意见，说古文的方式大众读者读起来会比较辛苦，我尝试着写了几章，乐老师又给了我一些比较具体的指导，经过乐老师的建议，和我自己反复多次的修改调整，对文字的整体基调比较满意了。以往自己觉得好的东西，似乎一下子被打破了，来来往往，不停的要求和改写，改到后来，终于有一天，我觉得这样写，确实不错。

几个小故事，借此机会，感谢乐老师，谢谢你对我的帮助。

方晓

2018年1月20日

附：

红楼梦人物性格图

红楼梦人物性格图

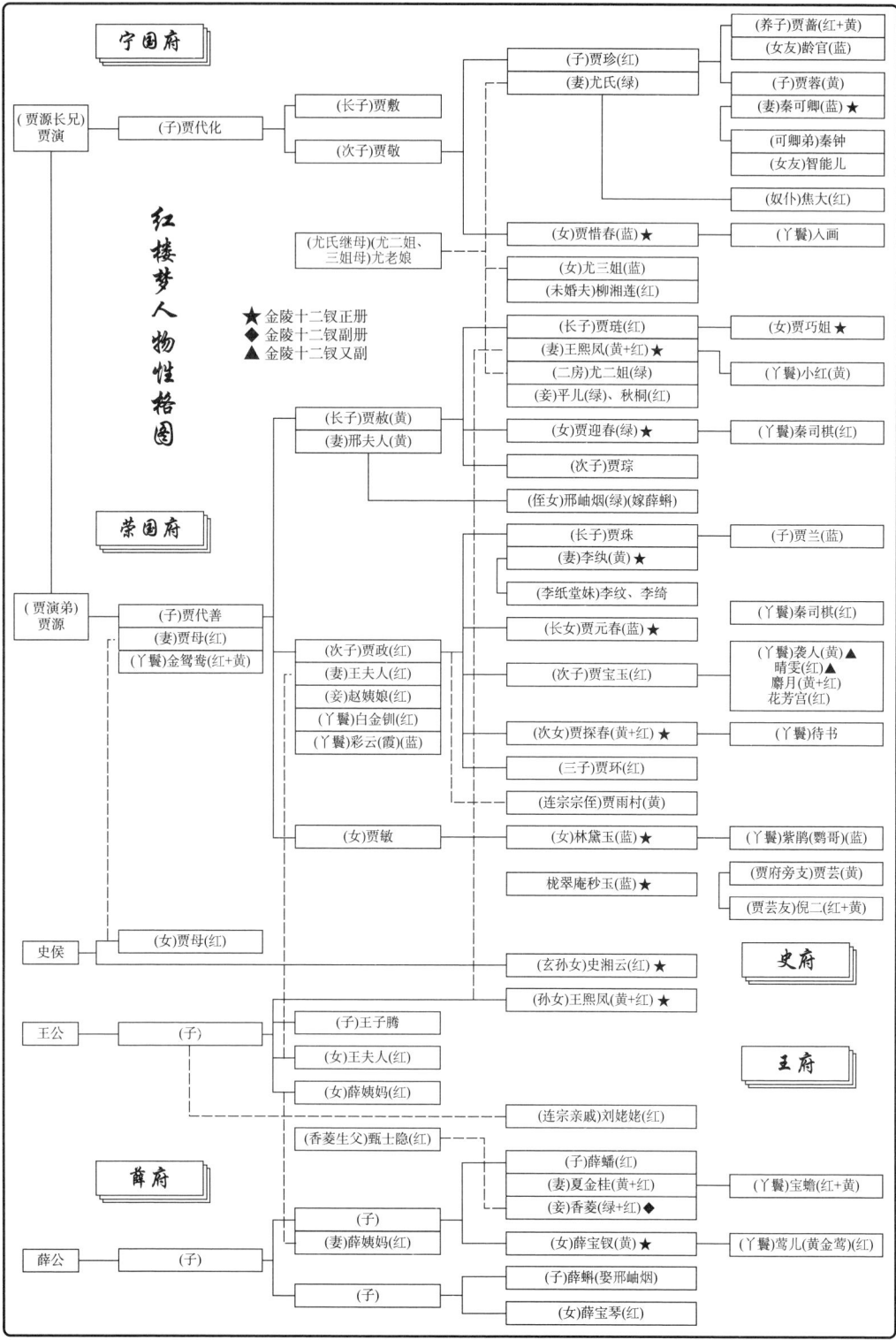

宁国府

★金陵十二钗正册
◆金陵十二钗副册
▲金陵十二钗又副

荣国府

史府

王府

薛府

(贾源长兄)贾演 — (子)贾代化 — (长子)贾敷
(次子)贾敬 — (子)贾珍(红) / (妻)尤氏(绿)
- (养子)贾蔷(红+黄)
- (女友)龄官(蓝)
- (子)贾蓉(黄) / (妻)秦可卿(蓝)★
- (可卿弟)秦钟
- (女友)智能儿
- (奴仆)焦大(红)

(尤氏继母)(尤二姐、三姐母)尤老娘 — (女)贾惜春(蓝)★ — (丫鬟)入画
- (女)尤三姐(蓝) / (未婚夫)柳湘莲(红)

(贾演弟)贾源 — (子)贾代善 / (妻)贾母(红) / (丫鬟)金鸳鸯(红+黄)

(长子)贾赦(黄) / (妻)邢夫人(黄)
- (长子)贾琏(红) / (妻)王熙凤(黄+红)★ / (二房)尤二姐(绿) / (妾)平儿(绿)、秋桐(红)
  - (女)贾巧姐★
  - (丫鬟)小红(黄)
- (女)贾迎春(绿)★ — (丫鬟)秦司棋(红)
- (次子)贾琮
- (侄女)邢岫烟(绿)(嫁薛蝌)

(次子)贾政(红) / (妻)王夫人(红) / (妾)赵姨娘(红) / (丫鬟)白金钏(红) / (丫鬟)彩云(霞)(蓝)
- (长子)贾珠 / (妻)李纨(黄)★ — (子)贾兰(蓝)
  - (李纨堂妹)李纹、李绮 — (丫鬟)秦司棋(红)
- (长女)贾元春(蓝)★
- (次子)贾宝玉(红)
  - (丫鬟)袭人(黄)▲ 晴雯(红)▲ 麝月(黄+红) 花芳宫(红)
- (次女)贾探春(黄+红)★ — (丫鬟)待书
- (三子)贾环(红)
- (连宗宗侄)贾雨村(黄)

(女)贾敏 — (女)林黛玉(蓝)★ — (丫鬟)紫鹃(鹦哥)(蓝)

栊翠庵秒玉(蓝)★
- (贾府旁支)贾芸(黄)
- (贾芸友)倪二(红+黄)

史侯 — (女)贾母(红)

(玄孙女)史湘云(红)★

(孙女)王熙凤(黄+红)★

王公 — (子) — (子)王子腾
- (女)王夫人(红)
- (女)薛姨妈(红)

(连宗亲戚)刘姥姥(红)

(香菱生父)甄士隐(红)

(子) / (妻)薛姨妈(红)
- (子)薛蟠(红) / (妻)夏金桂(黄+红) / (妾)香菱(绿+红)◆ — (丫鬟)宝蟾(红+黄)
- (女)薛宝钗(黄)★ — (丫鬟)莺儿(黄金莺)(红)

薛公 — (子)
- (子)薛蝌(娶邢岫烟)
- (女)薛宝琴(红)

282